JN248435

主人公思考

Leading Character Thinking

バンダイナムコエンターテインメント
『アイドルマスター』総合プロデューサー
坂上陽三

KADOKAWA

「主人公思考」とは

▼ 一言で言うと、「自分事化」すること

「主人公」は自分自身

今、あなたが生きている世界は、
「あなたの視点」から見た世界

▼

視点人物は「自分」

▼

自分の「人生の主人公」は「自分」である！

BUT!

仕事では「会社」「上司」など、周囲の視点で物事を見ている人が多い。
みんな、無意識に会社や上司の顔色を窺(うかが)い、指示を待ってしまう。
多くは嫌われたくないし、責任を持ちたくないからではないだろうか。
これが続くと、すべてを「他人事化」する人間になってしまう。

決定はできないけど「選択」はできる

自分は決定できる立場にないから
上司に判断を仰ぐ、という人も多いだろう。
確かに、一人で「決断」「判断」をすることは難しい。
だけど、「選択」ならできる。

「選択」は自分の視点。
まずは「選択」することから始めよう。

「主人公思考」を手に入れると……

①自分がレベルアップ（プレイヤー）

自分の視点で物事を考え、行動できる
▼
自分の行動レベルが格段に上がる
▼
仕事で大きな成果を出せるようになる

②大きな仕事ができる（マネージャー）

結果を出すと、昇給や出世、大きなプロジェクトに関わるチャンスが増える
▼
部下やチームができる
▼
一人ではできない大きな仕事で、より大きな成果を出せるようになる

さあ、あなたも
「主人公思考」を手に入れて、
自分で答えを
「選択」できる人になろう。

「正解」は他の誰でもない、
自分の中にある。
人生は、自分の中に眠る
正解探しの旅だ！

はじめに

皆さん、はじめまして。バンダイナムコエンターテインメントの坂上陽三です。

この本を手に取ってくださり、誠にありがとうございます。

まず初めにお伝えしたいのは、僕は多くの皆さんと同じサラリーマンだということです。

『アイドルマスター』というコンテンツの総合プロデューサーを名乗っていますが、それはプロジェクトの中での肩書であり、ユーザーとのコミュニケーションの際に責任者という役割を伝えやすくするために使っています。組織の中で特別な権限を持つ役職ではありませんし、普通に会社から給料をもらっている会社員です。

実はゲームを事業に持つほとんどの会社が同じではないか、と思っています。

僕も皆さんと同じように、会社員として組織や日々の仕事で起こる問題に対処しています。組織の変更によって業務内容が変わることもしばしば起こりますし、経験のない仕事を突然任せられることもあります。

ある日、突然上司に「新ゲーム立ち上げの話があるから、一度話を聞いてきて」と言われて参加した会議がありました。何も考えずに出席したところ、なんと自分がプロデューサーとして紹介されたのです。

その新ゲームが『アイドルマスター』でした（第1章で詳述します）。思ってもみない仕事が降ってくることはそれまでも当たり前にありましたが、正直少し戸惑いました。なぜなら、今まで自分が経験したことのないジャンルのコンテンツだったからです。第一印象で「自分には向いてない」と思いました。

会社勤めの社会人であれば、誰もが大なり小なり同じような経験をすることになると思いますが、そんな時、どう仕事に向き合うのか。

当然まずは断る、というのも1つです。そこで無理をする必要はありません。でも色々考えたら自分がやるしかないなあと思った時に、どういう思考が必要になるのでしょうか。

どれだけ自分が頑張ったとしても、ゲームというものは一人では作れません。

入社当時は、1つのプロジェクトにおける開発スタッフは数人程度。ディレクターやプロデューサーといった、プロジェクトの責任を担う明確な役割は存在しませんでした。

みんなでワイワイと1年程度で作っていたそんな時代から、今や100人を超える開発スタッフに3年以上の開発期間がかかることが当たり前に。時間もお金もかかり、ちょっとした規模の起業と同じ労力とリスクを抱えるようになりました。

大きなプロジェクトには様々な専門分野の力が必要となります。

時には100人規模の集団を引っ張っていくこともあるとなると、単に仕事と割り切って頑張れるのは、せいぜい1年くらいではないでしょうか。

2年、3年を超える長いプロジェクトを導いていくには、まずは「自分事」として向き合う必要があります。

簡単に言いましたが、自分事にするって難しいと思いませんか？

僕自身は、幅広くエンターテインメント事業を展開する会社の中で、ゲーム事業を中心に30年ほど従事してきました。

その中で、アーケードゲームや家庭用ゲーム、そしてモバイルゲームの浮き沈みを経験。様々な変化を目のあたりにしながら、売れる・売れない商品に開発者として、プロデューサーとして、また複数のプロジェクトを統括するゼネラルマネージャーとして数多く携わってきました。

ありがたいことに、結果的にいくつかのヒット作にも恵まれました。

そんな勤続30年で感じたことは、どんなに望んでも「天才は現れない」ということ。たまに、すごいクリエイターはもちろんいますが、やはり一人二人ではプロジェクトを成功させることはできない。それ以前に、完成にすら導けないということを痛感してきました。

最終的に頼りになるのは、集団の持つ力です。一人一人は偏りがあり大きな力はなくとも、集団となることで相乗効果が生まれ、想像をはるかに超えた力を発揮します。

一方で、集団が大きくなればなるほど、仕事を自分事にできず、埋もれてしまう人が生まれることも事実です。

繰り返しますが、仕事をする上では、まず「自分事」にすることが大事。皆さんの勤めている会社でもよく言われる言葉ではないでしょうか。

当たり前だ、と思う方も多いと思います。でも考えてみてください。本当にできている自信がありますか？

「上司に言われたから」「周りの状況から仕方なく」のような、第三者の都合を言い訳にしていないでしょうか。

さらに、仕事に関わる仲間や部下たちには、どう促せば自分事と思ってもらえるのか。これは、大変難しいことだと思っています。

本書では、僕自身の経験を振り返りつつ、これまで行ってきたことや考えてきたことを、つらつらとお伝えしてみたいと思います。皆さんが日々の仕事で抱えている悩みに対して、何か少しでも気づくきっかけになれば幸いです。

『アイドルマスター』は２０２１年、シリーズとして16周年を迎えました。

インタビューなどで「この成功をどう思っていますか?」と聞かれると、最初に頭に浮かぶのは「たまたま」という言葉です。

このコンテンツに関わった経緯も含め、現在の規模まで成長すると見通せていたわけではないからです。

しかし、培った集団の力によって、昨今のコロナによる困難な状況下でも歩みを止めず、様々な問題を乗り切って前に進むことができている。そんな力強い集団となり得たことは、何よりの成功だと確信しています。

最後に、この本を書くきっかけをくださったＫＡＤＯＫＡＷＡの伊藤甲介さん、僕の拙い言葉を皆さんに伝わりやすくまとめてくださったライターの渡辺絵里奈さんに感謝いたします。

バンダイナムコエンターテインメント
『アイドルマスター』総合プロデューサー
坂上陽三

第1章 『アイドルマスター』誕生

現象の作り方

第4章 自分で選択できる人になる

一流のプレイヤーになる方法

第5章 自分事化できる人に育てる

一流の人材を育てる方法

第6章 会社員プロデューサー

組織で働くメリット

▶『アイドルマスター』とは

プレイヤー自身がプロデューサーとなり、アイドルたちの成長を支えながら活躍に導く、人気育成シミュレーションゲーム(発売元:バンダイナムコエンターテインメント)。「THE IDOLM@STER」「シンデレラガールズ」「ミリオンライブ!」「SideM」「シャイニーカラーズ」の5ブランドからなり、ゲームだけにとどまらず、アニメやライブなど多角的に展開するビッグコンテンツ。

▶年表

2005年 7月	アーケード版『アイドルマスター』稼働開始
9月	初のCDシリーズ『THE IDOLM@STER MASTERPIECE』01発売
2006年 7月	『THE IDOLM@STER 1st ANNIVERSARY LIVE』開催
2007年 1月	Xbox 360用ソフト『アイドルマスター』発売
2008年 2月	Xbox 360用ソフト『アイドルマスター ライブフォーユー!』発売
2009年 2月	PSP用ソフト『アイドルマスターSP』発売
9月	ニンテンドーDS用ソフト『アイドルマスター ディアリースターズ』発売
2011年 2月	Xbox 360用ソフト『アイドルマスター2』発売
7月	TVアニメ『アイドルマスター』放送開始
10月	PS3用ソフト『アイドルマスター2』発売
11月	ソーシャルゲーム『アイドルマスター シンデレラガールズ』サービス開始
2012年 10月	PSP用ソフト『アイドルマスター シャイニーフェスタ』発売
2013年 2月	ソーシャルゲーム『アイドルマスター ミリオンライブ!』サービス開始
2014年 1月	劇場版アニメ『THE IDOLM@STER MOVIE 輝きの向こう側へ!』公開
4月	シンデレラガールズ初の単独ライブ『THE IDOLM@STER CINDERELLA GIRLS 1stLIVE WONDERFUL M@GIC!!』開催
5月	PS3用ソフト『アイドルマスター ワンフォーオール』発売

6月	ミリオンライブ！初の単独ライブ
	『THE IDOLM@STER MILLION LIVE!
	1stLIVE HAPPY☆PERFORM@NCE!!』開催
7月	ソーシャルゲーム『アイドルマスター SideM』サービス開始
2015年 9月	スマホ向けアプリゲーム
	『アイドルマスター シンデレラガールズ スターライトステージ』配信開始
12月	SideM初の単独ライブ
	『THE IDOLM@STER SideM 1st STAGE 〜ST@RTING!〜』開催
	PS Vita用ソフト『アイドルマスター マストソングス 赤盤／青盤』発売
2016年 7月	PS4用ソフト『アイドルマスター プラチナスターズ』発売
2017年 6月	スマホ向けアプリゲーム
	『アイドルマスター ミリオンライブ！ シアターデイズ』配信開始
8月	スマホ向けアプリゲーム
	『アイドルマスター SideM LIVE ON ST@GE！』配信開始
12月	PS4用ソフト『アイドルマスター ステラステージ』発売
2018年 4月	enza対応ゲーム『アイドルマスター シャイニーカラーズ』サービス開始
2019年 3月	シャイニーカラーズ初の単独ライブ
	『THE IDOLM@STER SHINY COLORS 1stLIVE
	FLY TO THE SHINY SKY』開催
9月	スマホ向けアプリゲーム
	『アイドルマスター シンデレラガールズ スターライトスポット』配信開始
2020年 7月	シリーズ公式YouTubeチャンネル「アイドルマスターチャンネル」開設
2021年 1月	スマホ向けアプリゲーム
	『アイドルマスター プロデューサーグリーティングキット』配信開始
	スマホ向けアプリゲーム『アイドルマスター ポップリンクス』配信開始
8月	アイドルマスターシリーズ コンセプトムービー2021『VOY@GER』公開
10月	PS4/STEAMソフト『アイドルマスター スターリットシーズン』発売

※編集部調べ、上記の情報は2021年9月時点のものです

第1章

『アイドルマスター』誕生

現象の作り方

失敗作？と思われていた『アイドルマスター』

1991年に株式会社ナムコ（現・株式会社バンダイナムコエンターテインメント。以下、バンナムに中途入社して以来、いくつものゲームを作ってきました。

あれから30年。思えば、人生の半分以上をゲーム作りに捧げてきました。

そんな僕の代表作と言えるのは、今も総合プロデューサーを務めている『アイドルマスター』（通称『アイマス』）シリーズでしょう。

2005年にアーケードゲームとしてスタートし、その後、家庭用ゲームソフト、携帯電話向けのソーシャルゲーム、スマホ向けのアプリゲームへと展開。現在までに5ブランドがリリースされている、アイドルプロデュースゲームです。

最近では、『アイドルマスター』が生み出す「経済効果」にも注目していただくようになりました。

ライブイベント、音楽CD、テレビアニメ、グッズ販売、企業や地方自治体とのコラボなどを含めると、なんと市場規模は600億円以上。ありがたいことに、多くの方に知っていただけている大ヒットコンテンツとなりました。

僕はそんなゲームに初期からプロデューサーとして携わっているわけですが、実はここまでのヒット作品になるとは、社内の誰もが予想していませんでした。

『アイドルマスター』再生プロジェクト、始動

『アイドルマスター』は先述した通り、アーケードゲームとして誕生しました。アーケードゲームとは、ゲームセンターなどのアミューズメント施設に置いてある大きな業務用ゲーム機のことです。

僕がこのプロジェクトに参加したのは、家庭用ゲーム版から。きっかけは、当時『アイドルマスター』プロジェクトのリーダーを務めていた石川（石川祝男（しゅくお）・元バンダイナムコホールディングス代表取締役会長）から会議に召集されたことでした。

「アーケードゲームのタイトルで家庭用の話が上がってるから、聞いてきて」

当時の上司に突然こんなことを言われたことを覚えていますが、今思うと、ずいぶんざっくりとした依頼ですね（笑）。

僕はアーケードゲームをいくつも担当していたし、アーケードゲームから家庭用ゲームへの移植プロデュースも経験していたので、白羽の矢が立ったのでしょう。

「分かりました」

それがどんなゲームなのかも知らなかったのですが、とりあえず打ち合わせに参加することに。その場で「家庭用のプロデューサーの坂上です」と紹介されてしまい戸惑ったのですが、「来る者は拒まず主義」の僕。そのまま、家庭用ゲーム版『アイドルマスター』のプロデューサーに就任することになりました。


今でこそ、多くの人にプレイしていただけるようになった『アイドルマスター』ですが、実は当時、社内では「失敗作ではないか？」と見られていました。

ロケテスト（発売前に限られた店舗で試作機を設置し、お客様に有料でプレイしてもらう）の段階では、3時間待ちになるほどユーザーの注目を集めたにもかかわらず、実際に多数の店舗で設置してみると、インカム（ゲーム機に投入される金額）が思うように上がらなかったからです。

家庭用ゲームが好調な一方、アーケードゲームの人気が下がっている、という時代背景もあったでしょう。

2000年代前半は、いわばアーケードゲーム不遇の時代。そもそもゲームセンターに訪れる人の数自体が減っていたのです。

開発チームはなんとかその状況を打破しようと、試行錯誤していました。

例えば、ちょうどみんなが携帯電話を持ち始めたタイミングだったので、ゲームセンターに人を呼ぶ手段としてメルマガを活用してみたり。ただ機械的に送るのでは面白くないから、アイドルからメールで呼び出される演出にしてみたり。

チームで話し合いながら、生まれた様々なアイデアを1つ1つ形にしていく、という形で進んでいました。

しかし、客足は思うように伸びなかった。設置している店舗が期待している売上を大きく下回る結果となっていました。

そもそもは新規コンテンツの『アイドルマスター』をアーケードゲーム、家庭用ゲーム、グッズ展開など部署を跨いで展開する「コンテンツ横断プロジェクト」でしたが、スタートでつまずいてしまった。

プロジェクトに関わる部署が次から次へと抜けていき、最終的には家庭用ゲームのチームに一任されることになりました。

「だったら好きにやっても問題ないな」

そう思った僕は、アーケードゲームのチームの協力を仰ぎながら、家庭用ゲームとして立て直しすることに。

こうして、『アイドルマスター』プロジェクトは再出発したのです。

可能性を感じた「新技術」と「論法の外れ方」

みんなから「失敗作？」と思われていた初期『アイドルマスター』ですが、僕自身は大きな可能性を感じていました。

「トゥーンシェード」を使う意義

その根拠は2つ。1つ目は、「トゥーンシェード」という新技術を使う意義が感じられるゲームであったことです。

「トゥーンシェード」は色の階調を少なくしたり、絵の輪郭に黒い枠線をつけたりすることで、アニメ調の3Dグラフィックスを作成するシェーディングの手法。簡単に言うと、イラストを3Dで見せる手法です。

僕は元々ゲームのビジュアル担当。いわゆるCGなんかを作っていたので技術面には興味を惹かれるのですが、当時この新しい技術を活かせている作品はなかなかありませんでした。

例えば、恋愛シミュレーションゲームでも女の子のキャラクターにこの技術が使われていましたが、画面の向こうにペタンと立っているだけなので、3Dである必要性はあまり感じられなかった。

その点、キャラクターが歌って踊る『アイドルマスター』では立体感が必須。ここに「トゥーンシェード」を使う意義が生まれ、面白いと感じました。

ギャルゲーのセオリーを無視

2つ目は、女の子のキャラクターがメインのゲームでありながら、恋愛シミュレーションゲームではなかったことです。

それまでの女の子が登場するゲームは「ギャルゲー（ギャルゲームの略）」と呼ばれ、その多くは『ときめきメモリアル』（コナミ）に代表される恋愛シミュレーションゲームでした。

つまり、一番の売りは、女の子との恋愛を楽しめること。

ところが、『アイドルマスター』はそのセオリーを完全に無視していた。

可愛い女の子は登場するけれど、その子と恋愛するわけではない。プレイヤーが楽しむのは、アイドルとの恋愛ではなく「プロデュース」です。

正直、ゲーム性はすごく粗削りだったけれど、僕はこの論法の外れ方が面白いなと思った。

プレイしているうちに、「こういうのを楽しませたいんだ」というディレクターの想いが見えてきて、それをきっちり組み込んであげると、すごく良いものになる。そんな予感がありました。

と言っても、もちろんこの時点では「絶対に売れる！」と確信していたわけではありません。先ほども書いた通り、このコンテンツが持つ魅力を、ゲームとしては表現しきれていなかったからです。

多くの人に伝わる形にするには、まだまだやるべきことが山ほどあるけれど、僕の中の「うまくいきそうな予感」は日に日に強くなっていきました。

自分の目を信じて、人を巻き込む

人を巻き込む方法を考える

社内の大多数の人が「失敗作？」と見ている中で、なぜそう思えたのか？

1つ言えるのは、僕は「自分の目」を信じている、ということ。これまでの経験や、膨大なインプットから培った感覚には自信があった。だからこそ、誰が何と言おうと、自分が「面白い」と思えているから大丈夫だと、そう思えたわけです。

大事なのは、「うまくいかなかったらどうしよう」と心配するよりも、「じゃあ、どうすれば面白くなるだろう？」と考えること。

今のままではダメかもしれないけれど、試行錯誤しながらアイデアに落とし込めばいい。あとはそれを、どう世の中に受け入れられる形で実現できるか、です。

理想は、自分が面白いと思っているものに、多くの人を巻き込むこと。そのための方法を考えるのが僕のやり方です。

それから、頭をフル稼働させながらバラバラになっている要素を1つ1つ整理し、ゲームの軸となる部分を抽出する毎日がスタート。

詳しい話は後の章に譲りますが、まずはコンセプトをしっかり固めることから始めました。多くの人を巻き込むためには、ここがとても重要なのです。

そして、開発チームやシナリオ、イラストチームなど、社内・社外の大勢の人たちと一緒に試作品を作っては改良を重ね、発売までの道筋を作っていきました。

そうして2007年1月、ついに家庭用ゲーム版『アイドルマスター』（Xbox360）が完成。

ここから、『アイマス』はさらに多くの人を巻き込みながら、僕たちの予想をはるかに上回る大ヒットコンテンツへと成長していったのです。

CDから始まった横展開

最初は、一アーケードゲームに過ぎなかった『アイドルマスター』。

それが、いかにして「現象」と呼ばれるまでになったのか？

ここで、『アイドルマスター』のゲーム以外の部分での歩みについても、ご紹介しておきましょう。

プロモーションの一環としてCDをリリース

いわゆる「横展開」は、音楽ＣＤから始まりました。こんな書き方をすると、ものすごく戦略的に横展開に乗り出したように見えますが、そうではありません。

アーケードゲームは基本的に、販売後はゲームセンターでの稼働フェーズに入るので、プロモーションにつながるようなニュースを作りにくい、という側面があります。

しかし、アーケードゲームをもっと盛り上げなきゃいけないし、家庭用ゲーム版リリースに向けてもムーブメントを作っておかなければならない。

2005年7月のアーケードゲーム稼働から2007年1月の家庭用ゲーム版リリースまでの約1年半、どうやってこのコンテンツを盛り上げていくか？　これは大きな課題でした。


「せっかくオリジナルの音楽があるんだから、CDを作ってみたらどうか？」

みんなで頭を絞って考えるうちに、こんなアイデアが出ました。

今ではゲーム音楽の音源化は当たり前になりましたが、当時はまだ珍しかった時代。歌を歌うゲーム自体もほとんどなかった頃なので、おそるおそる日本コロムビアさんに提案しました。

すると、幸運なことに出してもらえることになった。理由は今でもよく分からないのですが、担当の方が快くOKしてくれたんですね。

そのCDが、2005年9月にリリースした『THE IDOLM@STER MASTERPIECE 01』。裏を明かすと、CDはプロモーションの効果を下げないための施策の1つとして試しに出してみたもの、だったんです。

思わぬ反響を呼んだ初のライブイベント

ＣＤを出すなら、リリースイベントもやってみたらどうか？　という話になり、今度はＣＤ購入者を対象にした無料イベントの企画が始まりました。

ゲームのキャスト（『アイドルマスター』ではプロの声優がキャラクターの声を担当しています）がゲームソングを歌うイベントで、最初はキャパ３００人くらいの会場で考えていました。

本格的なライブイベントというよりは、本当に支持してくれている人に喜んでもらえるようなオフ会のイメージだったので、それほど人が集まるとは思っていなかったんですね。

ところが、告知してみるとすぐに３００人以上の応募が来た。

これは倍くらい集まるかもしれない、ということになり、会場を変更。赤羽会館での６００人規模のイベントが実現しました。

当日は豪雪だったにもかかわらず、こんなにも多くの人がキャンセルすることなく集まってくれた。

しかも、初ライブで手作り感満載のクオリティだというのに、客席からはコールも起こった……この時は嬉しかったですね。自分たちが信じてやってきたことは間違いじゃなかった、と思えた瞬間です。

当時はゲーム音楽のCDは2千枚も売れれば良い方と言われていた時代でしたが、多くの人に注目していただいたおかげでCDの売れ行きも好調。1万枚近いオーダーが入り、オリコンのランキングにも入るなど、このジャンルとしては異例のヒットとなりました。

そうそう、CDには特典としてオリジナルのリライタブルカード（アーケード版ゲームのデータをセーブするためのカード）を付けていたのですが、何しろ予算がなかったもので、すべて社内でチームメンバーの手作業で作っていました。

ありがたいことに、CDのヒットにより作っても作っても特典が間に合わない事態が発生。みんなが悲鳴を上げるほど発注が来たのは、良い思い出です。

目指せ！
インターネット検索１００万件

「ネットでの検索結果、１００万件にするぞ！」

２００6年9月、東京ゲームショウで家庭用ゲーム版の発表をした僕たちは、こんな目標を掲げました。

当時、「アイドルマスター」とインターネットで検索すると、ヒットするのは15万件ほど。これを１００万件にしてやろう、と意気込んでいたのです。

海外でも人気のあった弊社の『鉄拳』シリーズで約40万件、『テイルズ オブ』シリーズが45万件ほどだったので、その倍以上を狙いたかった。

「目標」というより「野望」に近かったかもしれません。

やれることはなんでもやった

言葉にするのは簡単ですが、１００万件なんて普通にプロモーションを行ってもそうそう達成できる数字ではありません。

しかも、ＣＤがそこそこヒットしたとは言え、一般的にはまだまだ無名に近いアーケードゲーム。我々に使えるプロモーション費用はほとんどありませんでした。

お金をかけずに、どうすればみんなに知ってもらえるか？

チーム全員で考えながら、思いついたことはなんでもやりました。例えば、ホームページにはただ情報を出すのではなく、ページビューが上がりやすい4コマ漫画を掲載する。ゲーム雑誌に取材してもらえるようなネタを提供する、など。

それから、フィギュアなどグッズ展開の話が来たら即許諾！

とは言え、意図しない形で広がるのはよくないので、監修はしっかりやりました。新しいコンテンツのフィギュアを作るとなると、造形師さんはイメージが湧かないので既存コンテンツを参考に作ることになる。最初は手探り状態になるので、どうしてもこちらのイメージとのズレが生じてしまうんですね。

試作品をいただいては、「ほうほう、ちょっと違いますね」「どれくらいですか?」「1目盛違います」(100分の5㎜単位で計測できるノギスを見せながら)なんてやり取りを、色んな会社の方と何度も繰り返しました。

フィギュアの監修は楽しかったし、グッズの製作会社がホームページを作ってくれると必ず検索結果数が上がるので、ありがたかったです。

無名のコンテンツを有名にするには、とにかく名前をあちこちで見かけるようにしなければなりません。

戦略なんてかっこいいものはなくて、この頃はただ必死に、できることを手当たり次第にやっていた。起業直後のベンチャー企業のような感じです。

しかし、やはり100万件は遠い。1つ1つ、小さなバズは起きているけれど、なかなか大きな手応えは感じられない日々が続きました。

ついに100万件達成!

大きな野望を抱いたものの、このゲームが有名になる日は来るのだろうか……。

弱気になりかけていた僕らでしたが、なんとある日、本当に検索結果100万件を達成することとなりました。

きっかけは、ＹｏｕＴｕｂｅに投稿された1本の動画。家庭用ゲーム版の発売日に、あるユーザーが『アイドルマスター』のゲームプレイ動画をアップすると、これが瞬く間に２００万回再生を突破。ＹｏｕＴｕｂｅのデイリー急上昇ランキングでも世界2位になり、いきなり世界から注目していただくことになったのです。

ちょうどこの10日前にはニコニコ動画がオープンしていて、ゲーム動画の人気が上がっていた背景もあるでしょう。

ニコニコ動画では『アイドルマスター』に登場する楽曲『エージェント夜を往く』の歌詞の一部「溶かしつくして」が「とかちつくちて」に聞こえるという空耳ネタが爆発的に広まり、その後、北海道・ばんえい十勝の競馬場で個人協賛レース『とかちつくちて杯』が開催された、なんて嬉しいエピソードもあります。

時代にも後押しされ、『アイドルマスター』は徐々に知名度を高めていきました。

１００万件の野望を抱いてから約半年。正直ここまでのムーブメントになるとは予想していませんでしたが、がむしゃらに動いてみるもんですね。頑張って作ってきたものが大勢の人に楽しんでもらえるのは、本当にありがたいことだと思いました。

「ガミP」誕生

『アイドルマスター』が認知されるにつれ、僕個人にもちょっとした変化が起きました。裏方の一会社員である僕にユーザーの方々に知られる「あだ名」ができたのです。今、「ガミP?」と思ったそこのあなた、アイマス歴がそこそこ長い証拠ですね（本も手に取ってくれてありがとうございます）。

『アイドルマスター』は「○○P」の元祖

「みんなで坂上さんにあだ名をつけようよ！」

弊社主催のイベントで、キャストが客席に呼びかけたことがきっかけでした。

元々その方が僕のことを「ガミP」と呼んでいて、そのまま定着することになったのですが、これは『アイドルマスター』の仕様が由来でした。

「P」は「プロデューサー」の略称で、ユーザーが最初にゲームに自分の名前を登録すると、自動的に「P」がつく仕様になっていたんですね。例えば、「坂上」と入れると「坂上P」になる、というように。

今では「ボカロP」など、プロデューサーのことを「○○P」と呼ぶのも一般的になりましたが、実はその元祖は『アイドルマスター』だったりします。

総合プロデューサーである僕は「坂上P」になるわけですが、それではちょっと堅い、ということで「ガミP」になったんでしょう。


それから、これは本に書くべきか迷ったのですが、もう1つ、あだ名(?)のようなものがあります。

僕がイベントに登場すると、決まって飛ぶ掛け声が「ヘンターイ!」。

いやいや、「ヘンタイ」ですよ? 日常的には使わない言葉ですよ? 「ヘンタイ」ってなかなか人に言わないですよね?

最初は僕もどうしようかなと思いましたが、まあ言われるのもしょうがないか、と後で納得しました。イベントで限定版のフィギュアを紹介した時に、フィギュアの女の子のスカートをちょっとめくったことがあったんですね。僕としては「中もちゃんとできてますよ」とディテールを見せたかっただけなんですけど。

それから、DLC（ダウンロードコンテンツ）でアイドルに幼稚園服を着せてしまったのもよくなかった。僕としては、ザ・ドリフターズのコントに出てくるアイドル（体操服や幼稚園服を着ることが多かった）のイメージだったんですけどね。

言い訳はさておき、「ヘンタイ」という呼び名は今や「ガミP」以上に定着しました。トークショーに来てくれた女性のお客さんに「今日はなんで来たの？」と聞いたら「ヘンタイ見に来てん！」と言われ、「そうか、見られてよかったね」と返すしかなかったこともあります（笑）。

おそらく、「ヘンタイ」と呼ばれた数では世界一だと思いますし、そんな扱いではありますが、嬉しいことだとも感じています。

ユーザーにとって、架空の世界であるコンテンツやキャストたちは少し遠い存在かもしれないけれど、その下にいる僕のことは身近に感じてくれているのかな、と思うからです。

露出のきっかけは予算がなかったこと

僕は裏方でありながらイベントやトークショーといった表舞台にも出ているわけで

すが、こう書いていると、ものすごく目立ちたがり屋のようですよね。

でも、僕自身には「有名になりたい」という欲はまったくありません。「プロデューサー」と聞くと、華やかでギラギラしたイメージを持つ方もいらっしゃるかもしれませんが、僕はいたって普通の会社員のおじさんなんです。


では、そんな僕がどうして露出するようになったのか？

実はこれも、プロモーション費用がなかったからです。当時は会社の業績があまりよくなかったこともあり、家庭用ゲーム版の予算も元々の半分にされてしまった、という背景がありました。

じゃあ、予算をかけずにプロモーションするには、どうすればいいか？と考えて出た答えが、プロデューサーである僕が表に出ること。

僕が出る分にはリスクもお金もかからない。雑誌のインタビューできちんとお話しすれば、2～3ページ分も紹介してもらえることもあったのでありがたかった。

よって、メディアには積極的に出ていこうと決め、色んな媒体の方にお願いして自ら露出の機会を作っていきました。

市場規模600億円

手探りながらも思いついたことをやっていくうちに、『アイドルマスター』というコンテンツは、だんだんと世に知られるようになりました。

Xbox360版で終わることはなく、PSP版の『アイドルマスターSP』、ニンテンドーDS版の『アイドルマスター ディアリースターズ』へと続き、2011年には初のアニメ化も実現。

その後もプラットフォームを変えながら、『アイドルマスター シンデレラガールズ』『アイドルマスター ミリオンライブ!』『アイドルマスター SideM』『アイドルマスター シャイニーカラーズ』と新ブランドを発表していき、現在では300名以上のアイドルと5ブランドを展開する巨大コンテンツになりました。

2020年には15周年を迎え、今では「普段ゲームはやらないけれど、アイマスの名前は知っている」という方にお会いすることも増えました。

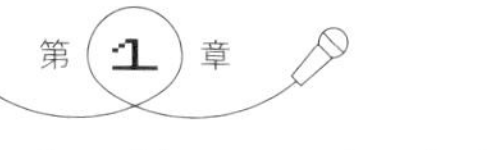

アイマスは経済

「アイマスは経済」

声優さんがネットラジオで発言したことをきっかけに、いつしか『アイドルマスター』はゲームの枠を飛び出し、こんな言葉でも表現されるようになりました。

様々な企業からお話をいただき、これまでに数え切れないほどのコラボが実現。『アイドルマスター』のアイドルへのお仕事依頼を公式に募ったり、山梨県や群馬県前橋市など、自治体とコラボをしたこともありました。

また、音楽コンテンツ、ライブコンテンツとしても成長を続け、今ではドームで数万人規模のライブを行うまでに。音楽事業やライブ事業は『アイドルマスター』を皮切りに、社内でも新事業として確立しました。

２０１９年度のアイマス関連商品・サービスの売上推定総額は、パートナー企業も含めると、なんと約６００億円。ユーザーの方々のライブなどの遠征費用を含めると、それ以上とも言われています。

額が大きすぎて僕自身もあまり実感が湧きませんが、すべての始まりは、思いつきで出してみた一枚のCD。

狙ったわけではありませんでしたが、ゲームからの横展開で新たなビジネスモデルを作れたことは、『アイドルマスター』の功績の1つと言えるのかもしれません。

どんな逆境の時も諦めず、目の前のことを1つ1つ、一生懸命にやっていれば、こんな未来も待っているんだな。今、しみじみそう思います。

第2章

主人公はユーザー

ヒットに育てる方法

ヒットの要因はユーザーを「主人公」にしたこと

第1章では『アイドルマスター』というコンテンツ全体の歩みについてご紹介しました。続く第2章では「ゲーム」の部分にも焦点を当て、ヒットした要因を僕なりに分析してみたいと思います。

主人公はアイドルではなく「ユーザー」

『アイドルマスター』はなぜ、ヒットしたのか？

こんな質問をされる機会も増えましたが、ヒット最大の要因は「ユーザー＝主人公」という設定にあると考えています。

「主人公」とは何かと言うと、その物語における「視点人物」。

一般的に、映画やアニメなどの映像作品では、登場するキャラクターの視点で物語が進行していきます。つまり、視点人物はキャラクター自身。その世界に「ユーザー」は存在しません。

一方、『アイドルマスター』ではユーザー自身がプロデューサーとして登場する。このゲームで展開されるのは、アイドルではなく、プレイしているユーザーの視点から見た世界なんです。

ユーザーの声で迷いが消えた

主人公は、ユーザーが演じるプロデューサー。

現在では『アイドルマスター』最大の特徴としても語られるようになったこの設定ですが、実は、ここに落ち着くまでには紆余曲折ありました。

最初の家庭用ゲーム版の後に『アイドルマスター ライブフォーユー！』を発売したのですが、このゲームのコンセプトは「アイドルのライブをコールで応援する」というもの。よって、主人公は「ファン」でした。

ユーザーを主人公に据えている、という意味では今と変わらないのですが、その役割が違っていたんですね。

ところが、ユーザーの反応はイマイチ。どうも、ゲームでは「ファン」をやりたいわけじゃないらしい、ということが分かりました。

それならアイドルを主人公にしてみよう、と次に発売したのが『アイドルマスターディアリースターズ』。こちらは完全にキャラクター視点で、ユーザーはプレイしながらトップアイドルを目指す、というゲームでした。

好意的な感想も多かったのですが、気になったのは「ストーリーは面白いけど、自分はカメラの外から見ている立場、というところがちょっと物足りない」というご意見。これはなるほど、と思いました。

ゲームはもちろん、アニメや漫画でも、「客観的な視点」から楽しむコンテンツは世の中にたくさんあります。

だったら、もっと「主観的な視点」で、ユーザーが能動的に動かしていくゲームがあってもいいんじゃないか。結局、ユーザーが一番求めているのはそこなんじゃないか。色々な可能性を探る中で、『アイドルマスター』が目指すべき方向性がはっきりと見えていった。

「ユーザー＝プロデューサー」という設定は、お客さんの声を受けて試行錯誤した結果、確立したのです。

ヒットの秘訣は新しさよりも「普遍性」

僕は子供の頃から一人で映画館に行くほどの映画好きで、今でも年間200本近く観ているのですが、ある時、大ヒットした作品にはある「共通点」が存在することに気づきました。

それは、どの時代であっても多くの人が共感できる「普遍的」なテーマを扱っていること。

第1章で『アイドルマスター』に可能性を感じた理由として「新技術を使う意義」と「論法の外れ方の面白さ」の2つを挙げましたが、実はもう一つ、ヒットするかもしれないと感じた大きな要素がありました。

ヒットの必須条件は「普遍性」。これは僕の持論なのですが、『アイドルマスター』というゲームには、その「普遍的」なテーマがあると感じたのです。

プロデューサーとアイドルの関係性に感じた「普遍性」

具体的には何かと言うと、ユーザーとアイドルの関係性です。『アイドルマスター』では、ユーザーはプロデューサーとして、トップアイドルを目指す女の子をプロデュースしていきます。

プロデューサーと言いつつ、マネージャーのような深い関わり方をするので、毎日会うのは当たり前。日々のレッスンも見守るし、オーディションにも同行します。うまくいった時も、ダメだった時も、一番そばで声をかけながら夢の舞台へと導いていく。ある意味では、家族や友達、恋人よりも近い存在です。

だけど、それはあくまで仕事上のつながり。その枠を超えてプライベートにまで踏み込むことはありません。普段、家でどんなことをしていて、友達とはどんな遊びをしているのか？　仕事以外での彼女のことはほとんど分からない。

どんなに労力を注ごうと、彼女の夢を叶えてあげようと、自分が「彼氏」になることはないのです。

こんなに近くにいるのに、越えられない壁がある。
どんなに心が近づこうとも、仕事を通してしか会うことができない。
彼女が夢を叶えた後は、もう自分にできることはない。
だけど、夢の舞台に立つまでは、1つの目標に向かってお互いが紡ぎ合う。

……なんとも、もどかしく儚い関係性ですよね。

僕はここに、シェイクスピアの名作『ロミオとジュリエット』のような古典的普遍性を感じました。

400年以上も前の作品ですが、若い二人の悲しい恋模様は現代に生きる僕たちの胸をも打ちます。それは、一緒になりたくてもなれない二人の悲しい「関係性」に共感できるからではないでしょうか。

しかも、ゲームでこういうテーマを扱っているものは、なかなかない。そこが面白いと思ったのでした。

人は新しさよりも「安心」を求める

コンテンツの作り手は、つねに「新しいもの」を生み出そうとします。見てくれる人には最新のクオリティを届けるのが当然だと思っているし、作り手自身も新しい手法や技術を試してみたいからです。

それから、使い古されたテーマや手法では、今の世の中には受け入れられないだろうという考えもある。

もちろん、そういう側面もあります。不朽の名作をそのまま再現したところで、同じようにヒットするとは限らない。時代に合わせた要素の変換は必要です。

しかし、名作が時を超えて、多くの人に愛され続けているのもまた事実。そこには何十年、何百年経っても色褪せることのない「魅力」があるからです。

僕は「商業作品」の作り手として、ここを無視してはいけないと思っています。

逆に言うと、まったく新しいストーリー展開や手法で大ヒットする作品は少ない。

ハリウッド映画にしろ、小説や漫画、アニメにしろ、あらすじレベルで見るとほとんど変わらない、もしくは既存要素の組み合わせ、ということがよくあります。あらすじはほぼ同じ、あるいは、全部一度はどこかで見たことがあるようなシーンなのに、それでも見たい。

人々にそう思わせるものこそが、大ヒットにつながる「普遍性」です。

たとえるとしたら、日本人にとっての「ご飯」みたいなものかもしれません。パンやパスタ、時にはパンケーキなんかも食べるけど、やっぱり毎日食べても飽きないのは米ですよね。

主食が小麦の国に行くと、ふとご飯が恋しくなるタイミングがある。日本に帰ってきて食べると、「ああ、これだ。やっぱり和食が一番」とほっとする。

あの「安心感」とも呼ぶべき感情を、人々はコンテンツにも求めている気がするのです。

何度味わっても求めてしまう「永遠の未充足ニーズ」を満たすこと。これが、僕が作り手として意識していることです。

届けたいのは感動よりも「日常の癒やし」

皆さんはゲームをする時、ゲームにどんなことを求めていますか？　あるいは、何のためにゲームをしているでしょうか？

ゲーム作りは、ここが非常に重要。「このゲームを通してユーザーに提供できる価値は何か？」を考えるところから始まります。

ストーリーよりも「体験」

「ゲーム」と名のつくものは世界中に星の数ほどあり、その中でも色んなジャンルが存在します。

例えば、RPGに代表される「ストーリー型」や、シューティングゲームやレーシングゲームに代表される「体験型」があります。

『アイドルマスター』は基本的にはトップアイドルを目指すゲームなので「ストーリー型」と思われがちですが、実は「体験型」を目指しています。トップになったらそれで終わり、というゲームではないからです。

補足すると、「ストーリー型」の場合は1つの決まったゴールがあり、そこに向けて起承転結を作っていきます。

例えば、一人の少女がトップアイドルを目指すところから物語が始まり、途中で強力なライバルが登場したり、オーディションに失敗してもうやめたいと思うほど落ち込んだりする。でも、やっぱりもう一度頑張ってみようと決意し、ラストは夢のドーム公演を成功させる、というような。

その方がストーリーとしては分かりやすいですし、クリアした時の達成感や感動も大きいでしょう。

でも、このゲームでユーザーに提供したいのはそこではなかった。届けたいのは、アイドルのプロデュースという「体験」を通して得られる「感覚」の方。

「アイドルと一緒に過ごす日常そのもの」を楽しんでほしかったので、あえて「終わり」を作りませんでした。

「なんか癒やされたな、明日も頑張るか」

このゲームをプレイした後、どう感じるか？

僕はユーザーの「プレイ後感」を大事にしているのですが、『アイドルマスター』で目指したのは「なんか癒やされたな、明日も頑張るか」と思ってもらうことでした。「困難を乗り越えた先にある感動」なんて大きなものではなく、もう少し日常に寄り添った「癒やし」を届けたいと思ったんです。

たとえるとしたら、昔の青春漫画やラブコメがそのイメージに近いかもしれない。主人公の男の子とヒロインはお互い好きなんだけど、なかなか想いを伝えられずにずーっとダラダラダラダラするじゃないですか。付き合ってはいないけれどいつも一緒にはいる、つかず離れずの関係。そんな毎日が楽しい。あの感じです。

その上で、アイドルとプロデューサーという上下関係があることにより、ユーザーはある種の自尊心も満たされる。

アイドルから全幅の信頼を寄せられ、その未来について自分が自由に判断できる。現実社会では経験できない「ちょっと上の立場」を味わえるのも、このゲームの魅力の1つです。

さらには、ロミオとジュリエット的な「切なさ」「儚さ」もある。

どんなに絆が深まっても、プロデューサーとアイドルの関係を超えることはないけれど、一緒に過ごすこの時間はとても気持ちが良い。

毎日嫌なことたくさんあるけど、今日もちょっと元気をもらった。さあ、明日も仕事頑張るか。

毎日プレイしながら、そんな感情を永遠に味わい続けることができる。

『アイドルマスター』というゲームでユーザーに届けたいのは、「日常の中の一服の清涼剤」のような効果です。

毎日の「おはよう」と「ありがとう」で習慣化

ユーザーに「日常の癒やし」を提供する。

そのために重要だと思ったポイントが「普段、人からもらう機会が少ないものを毎日届けること」でした。

孤独を癒やすのは、心のこもった挨拶と「ありがとう」

あなたは、周りから心のこもった挨拶をされていますか？
最近、心からの「ありがとう」を言われたのはいつですか？
「あれ？　もしかしたら全然ないかも……」と思った方、安心してください。
人は誰しも孤独。実は、ほとんどの人がそうなんです。

会社で誰かが出社してきたらとりあえず挨拶はするけれど、忙しい朝はお互いパソコンの画面を見たまま、なんてよく見る光景。毎朝、深いお辞儀付きで「おはようございます」と丁寧な挨拶をされている人の方が少数でしょう。

「ありがとう」にしても、よく使われる言葉ではあるけれど、誰かに目をじっと見つめられて心の底から感謝される機会なんて、そうそうないですよね。

そこで思いついたのが、「心のこもった挨拶」と「ありがとう」の2つを、アイドルのセリフの中に意識的に入れること、でした。

毎朝、ログインすると可愛いアイドルが笑顔で「おはよう！」と挨拶してくれて、何かする度に「プロデューサーさん、ありがとう!!」と盛大に感謝してくれる。なんなら、ちょっと好意を感じてしまうくらいに。

もう、嬉しいですよね。特に一人暮らしをしている人は、これだけでかなり癒されるはず（僕もその一人）。

他にも、彼女たちは歌やダンスを練習したり、難しいオーディションに参加したりして、日々全力で頑張る姿を見せてくれます。

それは、僕たちが現実世界ではなかなか見ることができない光景。

彼女たちは「日常の中で欠如したものを補ってくれる存在」として描かれていますが、これはゲームに限らず、「アイドル」という存在自体に求められている役割なのかな、と思っています。

毎日プレイする意味が作れた

こちらがどんなに頑張って作っても、いずれは飽きられてしまう。

ゲームというものはどうしても、そんな悲しい宿命を背負っているわけですが、『アイドルマスター』は長期間にわたってプレイし続けてもらえている幸せなゲームと言えるでしょう。

その理由も、「心のこもった挨拶」と「ありがとう」の2つにあるのではないかと分析しています。

あの子の「おはよう」が聞きたいから、毎朝起きたらログインする。

今日も「ありがとう」っていっぱい笑いかけてほしいから、スキマ時間を使ってこまめに様子を見に行く。

みんなが潜在的に求めているものをお届けすることで、毎日プレイしたいと思ってもらえるようになったのではないか、と。

ユーザーに「習慣化」してもらえたのは、携帯電話の存在も大きいです。

ガラケーが普及し始めた時、これはチャンスかもしれないと感じました。

アーケードゲームはゲームセンターに行かないとプレイできないけれど、携帯電話版であれば、いつでもどこでも楽しんでもらえるからです。

スマホ時代になってからは言わずもがな。ユーザーは以前よりずっと密に、担当アイドルとのコミュニケーションを取れるようになりました。

コアから「コアメジャー」にする仕掛け

ゲームのコンセプト的なお話をしてきましたが、総合プロデューサーとして良い作品を作るのは当たり前。これは大前提です。

「自信作ができた！　発売したらいきなり大ヒット！」……なんてことになれば非常にありがたいのですが、なかなかそうはいきません。

多くの人に届けるには、ある程度の仕掛けが必要になります。

ユーザーの需要に応える

第1章でも書きましたが、最初の火付けについてはできることを1つ1つ、地道にやっていきました。

しかし、こちらが狙ったほどには火がつかない。これが正直な感想です。

……と言われても、何の参考にもならないですよね。

これまで多数の作品をプロデュースしてきた経験から言えるのは、火をつけるには「お客さんの声に耳を傾け、需要に応え続ける」こと。これに尽きると思います。

『アイドルマスター』の場合、ここまでのビッグコンテンツになった要因として「ライブ」が大きかったのですが、最初から「ライブで仕掛けていこう」と思っていたわけではありませんでした。

先述した通り、たまたまCDが売れたのでリリースイベントをやってみた、というのが始まり。思った以上に人が集まってくれたので、次は有料イベントを企画してみようか。そんな感じです。

ある意味では、こちらが仕掛けているとも言えますが、「無理な仕掛け」はしないようにしています。

企業主導だと、どうしてもお金のにおいを感じて、ユーザーが純粋に楽しめなくなってしまうと思うからです。もし、最初から弊社が利益目的優先で有料ライブを企画していたら、多くの人を集めることはできなかったでしょう。

ユーザーの声を欠いたコンテンツは不発に終わる。「需要」を無視してはいけないのです。

君が好きなものは「コア」じゃない

実は、今でも「ライブ」という言葉だと少しイメージが違うと思っています。

僕たちが一番やりたかったのは、『アイドルマスター』を好きと言ってくれる人たちを集めるファンミーティング。

元々は、アイドルのプロデューサー集団によるオフ会のイメージでした。

「オフ会」を企画しようと思った理由は、ユーザー同士がつながれる場所を提供したかったから。

今だったらＴｗｉｔｔｅｒやＹｏｕＴｕｂｅで好きなゲームについて発信すると、同じく好きな人が見つけてくれますが、当時はまだＳＮＳが普及していなかった時代。仲間を見つけることは簡単ではありませんでした。

でも、ゲームセンターのアーケードゲームで遊んでいる人たちを見ていると、ユーザー同士でコミュニケーションを取りたがっていることが分かった。「俺もそのキャラ好きなんだよ！」と熱く語り合っている様子を見ながら、彼らが集まれる場所をこちらが作ってあげたいな、と思ったんです。

そして、「このゲームが好きなのは君だけじゃないよ」と言ってあげたかった。『アイドルマスター』はアーケードゲームの中でもちょっと特殊なコンテンツだったので、どうしても周りの友達からは「コアな趣味」と思われてしまう。

でも、全国には同じ趣味を持った人がもっとたくさんいるからね、とイベントを通して伝えたかったんです。

そこから「じゃあ、彼らに喜んでもらえるコンテンツはなんだろう？」と考えていき、自分が育ててきたアイドルがステージで輝いてる姿を見たら嬉しいんじゃないか、と思い至った。

有料でやるからには、曲をたくさん用意して、出演するキャストたちに練習してもらって、演出も考えなければいけない。

試行錯誤しながらステージのクオリティを毎回上げていった結果、イベントはユーザーの間で「ライブ」として定着していきました。

メジャー志向は元々なかったのですが、本家主催で場を提供することによって、「コア」から「コアメジャー」くらいにはできたんじゃないかなと思っています。

ライブのコンセプトは「追体験」

近年はアニメやゲームコンテンツから派生したライブイベントがずいぶんと増えましたが、「ライブ」の定義はコンテンツによって様々です。

僕が語るのもあれですが、他のコンテンツ発のライブは、完結したストーリーの世界観をライブでも楽しもう、という形が一般的。勝手に定義するとしたら「メモリアル体験の場」になるでしょうか。

では、『アイドルマスター』におけるライブとは何か？

我々が作りたかったのは「追体験の場」でした。

ライブでも「主人公はユーザー」

先ほども書いた通り、『アイドルマスター』のライブの原点は、ユーザーが集まるオフ会。

彼らは観客としてアイドルのライブを観るわけですが、ここで思い出していただきたいのが『アイドルマスター』というゲーム自体の設定です。

「主人公はユーザー自身」でしたね？　実はこの設定、ライブでも踏襲されています。

普通、ライブの主役と言えばステージにいる演者側ですが、『アイドルマスター』では観客が主役。

ライブは、自分がプロデューサーとして育てたアイドルが成果を発揮する場。つまり、ゲームの世界の続きをリアルで「追体験」できる場所なんです。


アイドルのステージを見守るプロデューサーたち。彼らは応援することでアイドルとの一体感が高まる体験ができます。

だから、たとえキャストが緊張して歌えなくても、ダンスの振りを間違えたとしても、大した問題ではありません。

なぜなら、「永遠に未完成」であることが『アイドルマスター』だから。

新人アイドルをプロデュースしているのに、パフォーマンスが完成していたら世界観が変わってしまうわけです。

あくまで、ライブはゲームの続き。その日は、「プロデューサー集団が見守るライブイベントの開催」というストーリーが展開されている。

ユーザーはそのストーリーを生で体験できる、というのが『アイドルマスター』のライブです。


このように、ゲームもライブもコンセプトはしっかり考えているのですが、あまり裏話的なものは表立ってしないようにしています。

だって、アイドルという綺麗なものに、おじさんが関わっている感じが見えると嫌じゃないですか(笑)。

実は、この本がアイマスユーザーの皆さんにはどう受け止められるのか、今もドキドキしながら書いています。

ユーザーを信じる

改めて『アイドルマスター』の歴史を振り返ってみると、今があるのは本当にユーザーの皆さんのおかげだな、と思います。

もちろん、僕たちもヒット作に育てるために色々と仕掛けを考えてはいるけれど、ここまでの巨大コンテンツになったのは、ユーザーの方々が愛してくれて、自発的に広めてくれたからこそ、です。

ユーザーに助けられている

『アイドルマスター』はユーザーに恵まれたな、と思ったエピソードがあります。

Twitterで「アイマスファン、ありがとう」というツイートが飛び交ったことがありました。

なんだろう?と見てみたら、某有名男性グループのコンサート会場で観客の列が乱れ、ちょっとした混乱が起きていたのを、通りかかったアイマスユーザーの子たちが仕切って収めたらしいのです。

ちょうどこの日は近くの会場でうちのイベントをやっていたので、いち早く混乱に気づき、整列を仕切る手伝いをしに行ったのだと思います。

そのグループのファンの皆さんが感謝のツイートをしてくれたおかげで、『アイドルマスター』も思いがけず、良い形で注目を集めることとなりました。

アイマスユーザーはとてもマナーが良いんですよね。

イベントでの整列もそうですが、ライブ中に録音や録画をしたり、写真を撮ったりする人もいません。一度注意すると、その後は一切ルール違反をする人がいなくなりますし、ユーザーの間で自発的にルールを守ろう、という雰囲気があるんです。

自分たちが目立って迷惑をかけると、『アイドルマスター』自体が悪く見られてしまう。そうなったらイベントができなくなるかもしれない、ということを分かってくれているのかもしれません。

ユーザーの皆さんには、僕たち運営側もいつも助けられています。

信用の上に実現したIP開放

そうそう、ユーザーを信用できるからこそ実現した企画もあります。

それがIP（キャラクターなどの知的財産）の開放。分かりやすく言うと、一般の方の二次利用OK、商業使用可、権利使用料はなし。『アイドルマスター』のコンテンツをフリー素材化した、ということです。

これはCtoC事業をやってみよう、ということで始まった試み（第4章で後述）ですが、弊社のようなコンテンツビジネスを展開している企業では、まずやりません。様々なリスクがある上に、会社の利益にはならないからです。

それでもやろうと思ったのは、ユーザーに二次創作を楽しんでほしかったから。

ニコニコ動画やYouTubeの動画がバズったことを第1章でお伝えしたように、『アイドルマスター』は二次創作と親和性の高いコンテンツと言えます。

しかし、我々が販売するとなると、どうしても売れる見込みのある商品しか作れない。ユーザーのメイン層は男性なので、男性向けの商品が多くなりがちです。

一方で、女性のユーザーもいっぱいいらっしゃるわけです。『アイドルマスター』

のアクセサリーや服なんかが欲しい人もいるかもしれない。

でも、公式としては作れないから、自分たちで自由に楽しく作ってほしかった。それを公式として認めてあげたいな、と思ったのでした。


ちなみに、ＩＰ開放に伴う社内調整はものすごく大変でした。

何しろやったことがない取り組みなので、どんな問題が起こるか分からない。色んな部署に確認しつつ、あらゆる事態を想定しながらルールを決めていきました。

それでもリスクを完全に拭うことはできないので何度も反対に遭いましたが、最後は「ユーザーを信じよう」ということで意見がまとまりました。

『アイドルマスター』にはユーザー同士でルールを守り合う文化がある。

ルールを破った人にはネット上で「これはダメだよ」と教えてくれる人がいるし、公式に「こういうルールを作ってほしい」と伝えてくれる人もいる。曖昧な部分も分かってくれる人たちだから性善説に基づいても大丈夫だろう、と。

信用できるユーザーに恵まれたおかげでＩＰ開放が実現し、『アイドルマスター』というコンテンツはユーザーの皆さんの手によって、様々な形でさらに世の中に広まっていきました。

第3章

プロデューサー視点

クリエイターの思考法

ゲーム作りはチームプレイ

ここまでは、『アイドルマスター』というコンテンツについてご紹介してきました。

では、その総合プロデューサーは具体的にどんな仕事をしているのか？　ゲームプロデューサーってどんなことを考えているのか？

第3章ではそんな疑問にお答えするべく、プロデューサーである僕の視点、考え方についてお伝えしていきます。

ゲーム作りの工程

ゲーム作りって、何から始まると思いますか？　どのくらいの人が関わって、どんな風に生まれていると思いますか？

まずは、弊社でのゲーム作りの工程について簡単にご説明しましょう。

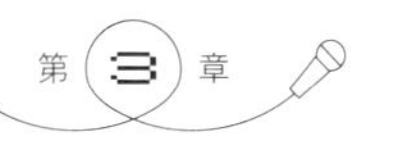

▼コンセプトを作る

一番初めは、どんなゲームにするのか、コンセプト作りをします。いわゆる「商品企画」ですね。

弊社では、プロデューサーがアイデアを「コンセプトシート」（後ほど詳述します）という1枚の紙にまとめるのですが、ここがゲームの要。我々プロデューサーにとっては最も大事な仕事です。

▼試作品（α版）を作る

コンセプトが固まったら、α版とβ版の2段階に分けて試作品を作ります。

α版では主に、実装可能かどうかの検証を行います。いくらアイデアが良くても、技術的に再現できなかったらゲームとして成立しません。また、作ってみたら面白くならなかった、ということもある。よって、開発費が無駄に膨らまないように、2段階に分けて検証をしています（α版でボツになることも）。

キャラデザインやストーリー作成も同時進行で進めますが、α版での完成度はまだ全体の10％くらいのイメージです。

▼試作品（β版）を作る

α版で問題がなければ、次にβ版を作ります。β版では本格的に開発を進め、プレイできる状態まで持っていきます。完成度は70〜80％くらいのイメージ。

この段階で、実際にユーザーにプレイしてもらうテストも行います。

アーケードゲームだったらゲームセンターでロケテストを、アプリゲームだったら数百〜数万人にテスト版を配布し、ユーザーの動作や、どこにつまずくかなどの反応を見ながら修正を重ねていきます。

▼最終審査

β版で改良を重ね、ほぼゲームが完成したら、社内での最終審査があります。

ここでOKが出たら、発売に向けて最後の仕上げ作業をし、量産体制に。後は、発表のタイミングやプロモーションなどの施策を考え、リリースまでのプランを作っていきます。

かなりざっくりとではありますが、弊社の場合の制作の流れはこんな感じです。

ゲームは一人の力では作れない

当たり前ですが、ゲームはプロデューサーが一人で作っているわけではありません。多くの社内部署、外部の制作会社、フリーランスの方々の手によって生み出されていくのですが、主な関係者はこんな感じです。

- 社内のゲーム制作を仕切るプロデューサー
- 技術面、ビジュアル面など、ゲーム開発全般を担当するチーム（外部の会社に依頼することも多い）
- ゲームのシナリオを作成するライターチーム
- バグがないかなど、ゲームの品質をチェックするチーム
- 音楽、効果音を制作するチーム
- 海外販売やプラットフォーム面での各社との調整、予算管理などを行うチーム
- 表現の倫理面、法務周りを対応するチーム
- プロモーションや販売戦略などを担当するマーケティングチーム

・主にコンテンツの版権管理や交渉を行うチーム

細かく分類すると、もっと多くの関係者がいるのですが、これだけでもかなりの人数が携わっていると思いませんか？

ゲーム作りはチームプレイ。一人では作れないのはもちろん、優秀なリーダーが一人いればうまくいく、というものでもありません。

例えば、どんなにディレクターが優秀でも、そのアイデアを数値化してプログラムに組み上げられるプログラマーたちが揃っていなければ実装できない。

一人一人が各分野で力を発揮してこそ、良い作品が生まれるのです。

プロデューサーはバランサー

では、プロデューサーとは、どんな存在なのか？

弊社の場合、一般的にプロダクションに所属してゲーム作品を担当する人が「プロデューサー」と呼ばれます。役職ではなく、広報や営業と同じ「職種」の1つです。

実は昔、会社として定義を作ろうとしたけれどできなかった、という経緯があるくらいその役割は曖昧なのですが、分かりやすく言うと「プロジェクトリーダー」です。

「良い」と「売れる」のバランスを取るのが役目

その上で、僕自身はプロデューサーの役目をこう捉えています。

「良い作品を作りたい人」と「商品を売りたい人」の間に入り、作品に責任を持つ人。

我々が作っているのは、ゲームという名の商業作品です。つまり、「売れるものを作らなければいけない」という会社としてのミッションが前提にある。

一方で、実際にゲームを作るクリエイターたちは、純粋に「良いものを作りたい」と思う。僕もクリエイター出身なので分かりますが、予算も納期も無視して極限までクオリティを追求したい、売れるかどうかは二の次、というのが彼らの本音です。

でも、それをやってしまったら、会社としては経営が成り立たない。だからこそ、間に入って調整する人間が必要なわけです。

クリエイターと商売を考える人の間に入って、商業作品として成立させるのがプロデューサー。「良い」と「売れる」のバランスを取るのが僕の役目だと思っています。

プロデューサーは孤独

「バランサー」「責任を持つ人」と言うと聞こえはいいのですが、要は板挟みの中間管理職なんですよね。

現場のクリエイターたちが「うわー、これ面白そう！　やりましょう！」と提案してくれたものに対して、「本当に実現可能なの？　実装にどのくらい時間がかかる？予算が足りなくなるんじゃない？」なんて、つねに現実的な視点で返さなければならない。

一方で、「この進行、どうなってますか?」という問い合わせに対しては「すみません、開発が遅れていて……」とクリエイター側に立って説明しなければならない。

基本的に、関係各所に責められては謝るのが仕事なので味方がいない。実は孤独で寂しい職種なんです。

よく新卒採用試験の面接で「プロデューサーになりたいです!」と言う人がいますが、新人がいきなり目指す職種ではないと思っています。

プロデューサーは経験を積み、様々な立場を理解した上で、「自分はこういう作品を作るんだ」という方向性が定まっていないと務まらないからです。

良いゲームを作りたいならクリエイター、良い商品を売りたいならセールス、売るための施策を考えたいならプロモーションなど、まずは自分がやりたい職種を目指した方がいい。

それができるようになってから見えてくるのがプロデューサーの道です。

総合プロデューサーの役割

ちなみに、僕は『アイドルマスター』では総合プロデューサーを名乗っているわけですが、基本的な役割はプロデューサーと同じ。違うのは、その担当範囲です。

様々なプロジェクトを総合的に見る

先述したように、『アイドルマスター』はCDやライブ、アニメ、企業とのコラボなど、様々な横展開をしているコンテンツ。

1つ1つ独立したプロジェクトになっているため、それぞれにプロデューサーが存在します。また、ゲーム以外の分野も多いので、多数の部署や外部の会社が関わっている。

そこで、組織を横断して総合的に見る人が必要になり、僕が総合プロデューサーを務めることになったのです。

各プロジェクトのプロデューサーをまとめるプロデューサー、という立ち位置ですが、仕事の範囲や定義は特に決まっていません。相談やトラブル対応など、求められれば何でも見る、何でも屋さんのような立場です。

ユーザーとコンテンツをつなぐ「コンバーター」

総合プロデューサーとして表に出る時は、ユーザーとコンテンツをつなぐ「コンバーター」になることを意識しています。

僕の役目は『アイドルマスター』の世界観をユーザーに分かりやすいように変換し、嘘がないように伝えること。

よって、語り口も「自然体」を心がけています。

例えば、ユーザーは気になっているけれど、現時点では公式としてははっきり言えないこと、というのがよくあるわけですが、曖昧なことを堅い言葉で理屈っぽく伝えてしまうと、すごく疑われると思うんですね。「え、それって○○ってこと?」と、思わぬ憶測が広がってしまうこともあります。

でも、僕が「まあ、今言えないんですよね」と砕けた表現で正直に話せば、納得はいかなくとも、こちらがどうしようか、と考えていることは分かってもらえるのではないか、と。

なので、イベントに登壇する時もかしこまったスーツは着ません。普段から着ていないものを着ると、なんだか嘘くさい気がするんですよね(これがまた似合わない)。アイマスユーザーの方はよくご存じかもしれませんが、表に出る時はいつもオレンジ色のポロシャツを着ています。

実はこれ、受注生産で作った『アイドルマスター』のグッズ。覚えてもらいやすいかもしれないと着続けたところ、恥ずかしながら、ガミPとしてのトレードマークになりました。

僕の顔は分からなくても、「オレンジの人」と認識してくれている人はたくさんいる。親しみやすいアイコンが作れたことはよかったと思っています。

『アイドルマスター』におけるプロデューサー

ちなみに、『アイドルマスター』でユーザーが体験する「プロデューサー」は、僕たちゲームプロデューサーとは定義が異なります。

『アイドルマスター』におけるプロデューサーは、トップアイドルを育てる人。

たとえるなら、秋元康さんや小室哲哉さん、つんく♂さんのような音楽プロデューサーのイメージ。おそらく、一般的に「プロデューサー」と聞いて浮かぶのもこちらの方々だと思います。

ゲームの中でユーザーがやることからすると、実質的にはマネージャーや舞台演出家に近いところもあるのですが、もっと全体に関われる存在、かつ、アイドルよりも上の立場で導く存在として描きたかった。

そこで、一般の方にも分かりやすい「プロデューサー」という設定にしました。

紛らわしくて恐縮ですが、僕の仕事である「プロデューサー」とはまた別物と捉えていただけたらと思います。

ユーザー第一主義

プロデューサー職を長いこと担当してきた僕ですが、最初の頃から一貫して大事にしてきた視点があります。

プロデューサーの視点も「ユーザーが主人公」

第2章で『アイドルマスター』の設定は「ユーザー＝主人公」だとお伝えしました。

実はこれ、そのまま僕がゲームを作る上で意識していることでもあります。

僕たちプロデューサーの目的は、ユーザーが楽しめるゲームを作ること。この一点に尽きます。

だから、プロデューサーはつねに「ユーザーファースト」でいなければならない。

作品に責任を持つとは、「ユーザーに対して責任を持つ」ということです。

ユーザー視点を無視すると、作り手のエゴになる

繰り返しになりますが、僕たちが作っているのはあくまで「商業作品」。買ってくださるお客様がいて、初めて成り立つコンテンツです。

「そんなの当たり前でしょ？」と思われるかもしれませんが、この大前提、作り手の間ではしばしば忘れられがちなのです。

例えば、「この新技術は外せません！　この作品にも絶対入れたいんです！」と熱弁する開発者と、「大ヒットしたあの作品の手法、うちでも取り入れましょう！」と提案するセールス担当者がいます。

両者の間では「いや、そんな手法じゃ古いし、面白くないです」「でもこれやらないと売れないですよ」なんて議論が繰り広げられ、プロデューサーはよく板挟み状態になるものです。

自分が面白いと思うものを作ろうとするクリエイターと、とにかく売れるものを作ろうとする売り手。皆さんも仕事で、そうした人たちの間に挟まれたことがあるかもしれませんね。

能力のある人たちが真剣に考えているわけですから、どちらも正解な気がしますが、ここで大事なのが「お客さんはどう感じるだろう?」と考えること。

実際にゲームをプレイするユーザーの視点になって考えてみると、実はどちらも不要、ということもあったりします。

新技術を楽しみたい人もいるだろうけど、全体からするとごく少数だったり、大ヒットした他作品の要素を無理に入れるとコンセプトが曖昧になり、ゲームの面白さが半減してしまったり、ということがある。

「面白い」「売れる」というのは、あくまで我々の視点。ユーザー視点を無視したモノ作りは、作り手のエゴになりかねないのです。

だから、僕の中のルールは「つねにユーザーの目線で考える」。

この一点に集中し、ブレないことを意識しています。

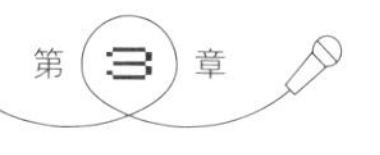

ユーザー視点でコンセプトを作る

先ほども少し触れましたが、弊社でゲームを作る時はまず、プロデューサーがゲームのコンセプトを「コンセプトシート」と呼ばれる1枚の紙にまとめます。

「コンセプトシート」とは？

「コンセプトシート」を作る目的は、それがどんなゲームなのかを端的な表現でまとめ、関係者全員の「共通認識」にすること。

ゲーム制作はもちろん、その後の横展開も含め、すべてのプロジェクトの指標となるものなので、プロデューサーはここに全力を注ぎます（コンセプト構築だけで半年かかることも）。

「コンセプトシート」に必ず入れるのは、次の４つのポイント。

▼**ターゲット**　**（年代、性別、趣味嗜好などターゲットユーザーの属性）**
▼**ニーズ**　**（〇〇したい、というターゲットの潜在的ニーズ）**
▼**アイデア**　**（ニーズに対してのゲームでのアプローチ方法）**
▼**ベネフィット**　**（ゲームを通してユーザーが得られる価値）**

誰の、どんな要望に、どういう形で応え、どんな価値を提供するのか。

これを１枚の紙で、具体的かつ端的に説明するのです。

例えば『アイドルマスター』の場合、コンセプトシートにはこのような内容が盛り込まれています。

▼**ターゲット**↓２次元美少女および美男子コンテンツが好きという特徴を持つ、10代後半以降の男女
▼**ニーズ**↓個性豊かで魅力的な異性と出会い、仲良くなりたい
▼**アイデア**↓自分がプロデューサーとしてアイドルを育成する

▼ベネフィット→アイドルを輝かせたり、好意を持たれたり、頼られたり、慕われたりする体験ができる。それにより、日々の生活の一服の清涼剤＝「癒やし」が得られる

「doニーズ」にフォーカスする

コンセプトを作る上で、まず考えるべきは、ターゲット層の「ニーズ」。「要望」の部分です。

これは会社の研修で学んだマーケティング理論をベースに、僕の解釈を交えたものですが、簡単に説明すると「ニーズ」は次の3つに分けられます。

▼**なりたい（beニーズ）**
▼**したい（doニーズ）**
▼**欲しい（haveニーズ）**

このうち、コンテンツの作り手が一番フォーカスすべきは「doニーズ」です。

例えば、「幸せになりたい」（beニーズ）と願う女性がいたとします。その目的を

果たすためには「彼氏が欲しい」（ｈａｖｅニーズ）。この段階では漠然としていますが、そもそも彼氏を作るためには「素敵な男性と出会いたい」（ｄｏニーズ）。

では、それを叶える方法は何かと考えた時に、具体的な行動を起こします。例えば、マッチングアプリ（アイデア）に登録するなど。

つまり、３つのニーズのうち企業がアプローチできるのは、ユーザーが具体的に動くこのタイミング。ビジネスの種は「ｄｏニーズ」に隠れているのです。

よって、コンセプトを作る時はまず、ターゲットユーザーの気持ちになってニーズを探る。それから、そこにどんなアイデアで応えるのか、最終的にどんな価値を提供するのか、と考えていきます。

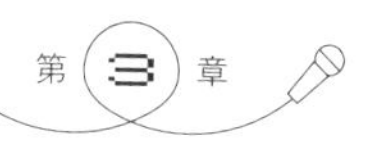

ユーザー視点を教えてくれたのはユーザー

「このアイデアだと、ユーザーはどう感じると思う?」

僕は部下にも常々、ユーザー視点で考えるよう促しているのですが、「どうしたらユーザーの気持ちが分かるようになりますか?」と質問されることがあります。

振り返ってみると、僕に「ユーザー視点」を教えてくれたのは、他でもない「ユーザー」の皆さんでした。

ロケテストで見えた「ユーザー視点」

ユーザーの視点を知る上で非常に参考になったのが、アーケードゲームのロケテスト。これは試作品を1～2週間くらいゲームセンターに置いてもらい、実際にユーザーがプレイしている様子を見学する、というものです。

看板をどう配置すればユーザーが座ってくれるのか。1プレイにどのくらい時間がかかるのか。プレイ中にどんな支障があるのか。

開発者と毎日、遠くからこっそり見守っていると、色んなことが分かりました。ロケテストで見えた問題点はその都度、改善していきます。

例えば、『モトクロスゴー!』というバイクを操作するゲームでは元々ガソリンタンクのキャップをスピーカーにしていたけれど、そこにジュースの容器を入れる人がいるからスピーカーの角度を変えてみよう、といった具合に。

大体は大きな問題はなく終わるのですが、時に、こちらが予想もしない事態が起きることもあります。

驚いたのは『魔斬』というアーケードゲームの海外ロケテストを実施した時のこと。これはモンスターキャラをゲーム筐体に付属の刀で倒していくゲームなのですが、テスト初日に現地から次々に送られてきたのは、なんと画面に刀が突き刺さった写真。

日本人は普通、刀を上下に振り回して敵を斬ろうとしますが、欧米では、剣と言えば「フェンシング」のイメージだったのです。

パのユーザーはみんな画面を突いていた。欧米では、剣と言えば「フェンシング」の
そんなにやわなパネルじゃないし、刀もウレタンで覆っているので、まさか壊れる

とは思ってもみなかったのですが、なかなか敵が倒れないイライラからか、みんな力任せに突き刺してしまったんでしょうね(笑)。

人の行動はなかなか読めないし、文化の違いもある。自分の常識がユーザーの常識とは限らないんだな、と大変勉強になった出来事でした。

ユーザーと一緒に作る

アプリゲームが主流の今は、β版を配布してテストプレイしてもらうのが一般的。SNSやホームページで募集し、協力してくれたユーザーのプレイデータを分析したり、アンケートに答えてもらったり、という形です。

プレイ中に引っかかるポイントなど、操作性をチェックするのが主な目的ですが、ここで思わぬバグが発見されたことがあります。

こちらも、バグや欠陥を発見および修正するデバッグ専任チームを作り、品質保証にはかなり力を入れているのですが、100点のゲームというのはありえない。スマホの性能向上に伴い、プログラミングの難度が上がっていることもあり、システム上のトラブルが発生してしまうことがあるんですね。

ありがたいことに、ユーザーの中にはゲーム開発に携わっている方が多いようで、ちょっとした操作バグに対して「こうすれば遊べるよ」とユーザー同士でアドバイスをしてくれることもあります。

アプリゲームが主流になってからは特に、ユーザーと一緒に作っていく過程が必要になったな、と感じています。

テストをやってみないと分からないこと、というのはたくさんあります。

だからこそ、そこでユーザーの皆さんからいただく生の声はとても貴重ですし、本当に頼りにしています。

これはゲーム制作に限った話ではなく、どんな仕事でも「その先にいるお客様を見る」ということはとても大事なことだと思います。

いつも提案するばかりではなく、時にはお客様の話をゆっくり聞いたり、積極的にリサーチをしたりする。そして、リアクションやフィードバックをいただいたら、それを踏まえて改善し、次に活かす。

こうした経験の蓄積によって「ユーザー視点」が養われ、ユーザーに喜んでもらえる仕事ができるようになるのではないでしょうか。

クリエイターはインプットが命

ここまで「プロデューサー」として大事にしている視点についてお伝えしてきましたが、僕はそれ以前に作品を作る「クリエイター」でもあります。

作り手としてはどんなことを意識しているのか？　少し枠を広げ、「クリエイター」としての僕の視点についても書いてみたいと思います。

学生の頃から大の映画好き

今の仕事に活きているなと思う人生経験は色々あるのですが、一番大きいのは映画をたくさん観てきたこと。

第2章でも触れましたが、僕は学生の頃から大の映画好き。映画会社に勤めていた親戚のおじさんが映画の株主優待券を毎月送ってくれていたこともあり、中高生時代は勉強もろくにせずに、劇場で年間約１００本の映画を観ていました。

鑑賞に留まらず、大学時代は映画監督を目指して大阪芸術大学で映像について学んでいましたし、今の会社に入る前は映像プロダクションに所属し、様々な映像の制作に携わっていたほど。元々、映像作品にとても興味があったんですね。

作品のみならず、クリント・イーストウッドやフランシス・フォード・コッポラといった映画監督からは、生き様や考え方の面でも影響を受けました。

今でも年間２００本近くの映像作品を観ているのですが、家ではテレビとｉＰａｄで別々の映画を同時に観たり、アニメを60本一気に観たりもする。ジャンルは問わず、基本的には何を観ても面白いと思うタイプです。

インプットの多さが作品づくりに活きる

クリエイターにとって、インプットは命。インプットが多ければ多いほど、作品づくりに活きる。経験上、それは間違いない気がしています。

第1章で自分の目を信じていると、また第2章ではヒットの法則は「普遍性」というお話をしましたが、これも何十年と映画を観続けてきたからこそ言えること。

膨大なインプットがあると、その中から「成功法則」のようなものを導き出せるし、いくつものパターンを知っていると、このゲームではあの作品の手法を使ってみようか、と考えることもできる。

また、ゲームも映像作品なので、「この映画で使われてる最新の映像技術が今後、ゲームの世界にも入ってくるんだろうな。ゲームに導入したら、どんな映像が作れるだろう?」とシミュレーションすることもある。

根拠のない憶測ではなく、経験則から立てられる仮説が、今の仕事でも大いに活きています。

1つのものを追いかけ続ける

それからもう一つ、映画を観続けてきてよかったと思うのが、「時代の変化」を捉えられること。

映画には必ず、その時代ごとの世の中の情勢が表れています。

例えば、性別や生まれによる職業問題だったり、登場人物の人種だったり、ジェンダーの扱い方だったり。「モラル感」と言ってもいいかもしれませんが、世の中の空気感が如実に表れていると思うんですね。

ずっと観続けていると、そうした変化を敏感に感じ取ることができる。この「時代を捉える感覚」は、クリエイターに求められる大事な要素でもあります。

僕の場合は映画でしたが、インプット元は他のものでもいいと思います。漫画でも音楽でもアニメでもいいので、無意識に熱中できるジャンルを何か1つ持っておくことをおすすめします。

大事なのは「1つのものを追いかけ続ける」こと。

流行を全部追いかけたり、新しく趣味を持ったりする必要はありません。今追いかけているものがあるなら、それをずっと好きでいればいいのです。

1つのものを追いかける習慣があると、学びも多いし、変化にも柔軟に対応できるようになる。また、会話のネタや何かを説明する時のエピソードにも困らなくなる。結果として、仕事上の人間関係も円滑になる気がしています。

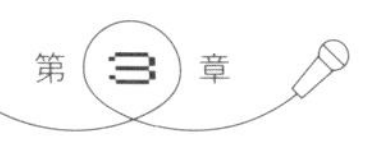

「分かりやすさ」と「テンポ感」を意識

映画から学んだ「クリエイター視点」と言えば、あと2つほど僕にとって大きなポイントがあります。

理想は、中2が面白いと感じるもの

不思議なもので、子供の頃に夢中で観た映画というのは、いくつになっても細胞レベルで刻み込まれているようです。

今でも深く残っているのは、勉強のために観た高尚なフランス映画よりも、『ゾンビ』や『マッドマックス』といったゾンビ映画やアクション映画。

『ゾンビ』は小学生の頃に一人で観て、怖くて2日間も眠れなくなったトラウマがあるのですが、今でも映画配信サービスで見つけると思わず再生してしまいます。

正直、どちらも超大作というわけではないし、作品の魅力は今でも言語化できないんですけど、すごく好きなんですよね。自分でもよく分からないんですけど。


この説明がつかない「好き」は、僕の作品づくりのヒントになりました。

なんで、あんなに好きだったんだろう？　考えてみると、子供の僕を夢中にさせた魅力は「分かりやすさ」にあった気がします。

ゾンビ映画やアクション映画は、ストーリー的にもビジュアル的にも、とにかく分かりやすい。子供が観ても、すぐにその世界観に没入できますよね。

実は、世界的に有名な映画監督は「分かりやすく」作ることを意識しているそうです。海外のとある監督が「映画を作る時は中学生が分かるように作る。そうすれば、大人も子供も分かるんだよ」というようなことを言っていて、確かにそうだな、と思いました。


自分の原体験もあいまって、そこから「中2でも分かるものを作る」が僕の中の1つの基準になりました。

よく「中二病」なんていわれますが、一番多感なのはこの時期。批判的でもありながら、熱量高くのめり込める。誰しも中学生くらいの頃は、そんな経験があるのではないでしょうか。

中学生をターゲットにすれば、少し背伸びしたものを追いかけたがる小学生にも届くし、大人も「あー、昔こういうの好きだった。やっぱり良いな」と懐かしい気持ちで楽しめる。どちらにも共感してもらえるのではないかと思っています。

映画から学んだテンポ感

もう一つ、映画から学んだのが「テンポ感」。

映画を観ていると、ものすごく印象に残るシーンというのがありますよね。どうしたら人の印象に残るんだろう？とずっと疑問に思っていたのですが、映像プロダクションで映像編集のアシスタントをしていた時に、あることに気づきました。

編集オペレーターの仕事を横で見ていると、よく「そこ長いね」と言いながら、映像の長さやテロップが表示されるタイミングを調整していました。

オペレーターが感覚的にやっていることでしたが、確かに完成したものは「うん、こっちの方が良いな」と思えるものでした。

一言で言うと「テンポが良い」ということになるのですが、具体的にどうすれば観ていて心地良いテンポ感になるんだろう？と思い、じっくり観察することに。

すると、僕の中でこんな仮説が生まれました。

テロップなどの文字を印象づけたい時は「偶数秒」、映像のカット割りが気にならず、シーンの流れがスムーズなのは「奇数秒」。

このルールに則り、偶数秒と奇数秒のカットを組み合わせていくことで、テンポの良い映像が生まれるんだ、ということが分かったのです。

理由はよく分かりませんが、おそらくは心臓の鼓動など、人が元々持つリズムのようなものが関係しているのでしょう。

では、1秒と3秒では印象がどう変わるのか？などと分析していくうちに、自分の中で様々な法則ができていきました。


テンポの悪さは「面白くない」と言われてしまう要因になることが多い。

だからこそ、ゲームを作る時も「テンポ感」を大事にしています。

例えば、CD－ROMのゲームが登場した時には、初めてデータを読み込む「ローディング」の時間が発生しましたが、間にちょこちょこ挟むよりは一度で終わった方がストレスなくプレイできると思った。そこで、最初にゲームデータを一気に読み込む仕様にしたり。

あるいは、ストーリー型のゲームではプレイヤーが受動的にストーリーの流れを追う時間と、能動的に戦闘プレイをする時間があるけれど、切り替えが急すぎると疲れてしまうから、それよりも体験型のゲームにしよう、と考えてみたり。

映画や映像から学んだ「テンポ感」は、ゲーム作りでも大いに参考になりました。

三本昌史（みもとまさし）（入社23年目）
『アイドルマスター』
プロデューサー

Q1／坂上さんとの関わり

ただの「気のいいおじさん」ではなかった

僕が初めて坂上さんの組織上の部下になったのは、2014年頃。最初の2年くらいは『アイドルマスター』以外の作品を担当していたので、仕事では直接的な接点が少なく、上司というよりは「気さくに飲みに付き合ってくれる先輩」に近い感覚でした。

何を言っても「分かるわ〜」と言いながら、ちょっとタメになる話をしてくれる気のいいおじさん、みたいな（笑）。

それが『アイドルマスター』に関わるようになり、「あれ？　坂上さんって割とモノ作りに厳しくない？」と印象が変化。

それからというもの、プロデューサーとしての坂上さんの考え方には大いに影響を受けてきました。

「素直に考えられましたね」

まず上司としてかっこいいなと思ったのは、会議である言葉を聞いた時でした。
「我々が作っているのは『商業作品』である。商業を考える人と作品を考える人の間でバランスを取りながら、お客様に対して責任を持つ。これがプロデューサーの仕事なんやで」

僕たちプロデューサーは直接的にゲームを開発するわけじゃないし、売るわけでもない。要は、何のために存在しているのか分かりにくいところがあるのですが、その役割を端的に示してくれた。それも、「商業作品」という漢字4文字だけが書かれたスライドを表示しながら。

何かを説明する時ってどうしても長い資料を使いがちだと思うんですけど、これだけシンプルにまとめられるのがすごいなと思いました。

それから、印象に残っている言葉と言えば、もう一つ。

それはコンセプトを作るにあたり何度もやり取りをしてもらい、散々叩かれた後にもらえた「素直に考えられましたね」という一言でした。

これは理論上の破綻もなく、一気通貫して「お客様のことをちゃんと考えられてますね」という意味なんですけど、僕たちプロデューサーにとっては最高の褒め言葉なんですよね。

自分ではずっとお客様視点で考えていたつもりでも、ついつい主観で考えてしまうもの。褒めてもらえた時、あぁ、これが「素直に考える」ってことかと初めて腑に落ちました。ちょっと恥ずかしいけど、この一言をもらった瞬間は平静を装いつつ、内心めちゃくちゃガッツポーズを取ってましたね(笑)。

Q3／尊敬するポイント

問答を通して「選択」させてくれる

坂上さんのすごいところは「捨てられる」ところ。いつも相談すると、自分の考えを整理できるというか、断捨離した後のようなスッキリ感が生まれます。

例えば、「こういうのをやりたいです」と言うと、「なるほど。これって例えばどんな感じ?」と掘り下げられ、その問いに答えると「いや、矛盾があるじゃん。それは君がやりたいだけでお客様のニーズではないよね?」と言われる。そこで余計な部分は捨てて本質の部分に立ち返ろう、という気づきを得て、提案をまとめ直していく。

ある意味、こちらの意見は否定されているわけですが、それを感じさせない。むしろ、自分で選択できたかのように思わせてくれるところも尊敬しています。

ちょっと誤解を生む表現かもしれませんが、坂上さんには、禅問答をしてくれる禅僧や、仙人のような雰囲気がある。少なくとも、「有名プロデューサー」という言葉から連想されるようなカリスマ的なイメージとは異なります。

ただ、坂上さんの本当のすごさは、ある程度深く関わらないと分からないかもしれない。同じ社内でも、「オレンジのポロシャツを着た有名人だ。サイン欲しいな」くらいにしか思っていない人も結構いるんじゃないかな（笑）。

それも尊敬の１つの形ではあるけれど、この禅問答を受けた後で初めて「うーわ、坂上さんってすげーな」と、本当の意味で理解できる深みを持っている気がします。

Q4／主人公思考を実感したエピソード

本質の「2割」を摑めばうまくいく

コンセプト構築に代表されますが、僕たちプロデューサーは「本質となる部分をいかに言語化するか」ということを、ひたすら問われる仕事です。

この本質にあたる大事な2割を押さえてまず80点を取る。「ニッパチの法則」という考え方がありますが、坂上さんはこの「2割」を摑む天才だと思っています。

僕はそうした物事の本質の捉え方を坂上さんに学び、他のことにも応用できるようになりました。

例えば、打ち合わせでAさんとBさんが別の意見を主張している。さらに、社外の人はまた全然違うことを言っている、いわゆる各論の応酬合戦みたいな場面でも、「ここで達成しなきゃいけない目標はこれだから、この2割の部分を大切にしていきませんか?」という進め方ができるようになった。

これは坂上さん流モノ作りの経験をさせてもらったからこそ、身についた考え方だと思っています。

ちなみに、坂上さんは本質となる2割の部分に対してはめちゃくちゃうるさいけれど、あとの8割は自由にさせてくれる。「あとの方法や手段は任せるからやってみて」という方なので、こちらは失敗も少なく、かつ、自由にやれるんですよね。

そういう意味でも、部下が育ちやすい環境を作ってくれていると感じます。

第4章

自分で選択できる人になる

一流のプレイヤーになる方法

一流のプレイヤーは「主人公思考」を持っている

第3章では「プロデューサー」「クリエイター」としての僕の視点についてお伝えしてきましたが、その両方に共通する、というより、仕事をする上で根底にある考え方があります。

それが本書のタイトルにもなっている「主人公思考」。

この考え方ができる人は、仕事でも大きな結果を出すことができる。一流のプレイヤーはみんな、根底に「主人公思考」を持っていると感じます。

第4章では、この思考の身につけ方を通して、「一流のプレイヤーになる方法」についてご紹介していきましょう。

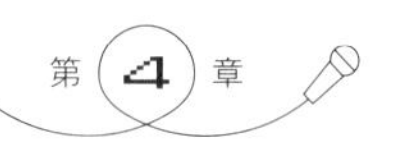

「主人公思考」とは？

そもそも「主人公思考」とは何か？

一言で言えば「自分事化」すること。具体的には自分の頭で考え、自分の考えで意見を選択し、行動に移す、ということです。

第2章でも書きましたが、「主人公」とはその世界における「視点人物」。

これを現実世界に当てはめてみると、あなたがいる世界の視点人物は「あなた」になります。

今日、会社で起きた出来事も、家庭や友人との間に起きた出来事も、すべてはあなたの視点から見たものですよね。

つまり、自分の日常に「主人公」として存在しているのは「自分自身」ということ。

たとえあなたが「自分は脇役キャラだ」と思っていたとしても、あなたの「人生の主人公」は他の誰でもない、あなた自身なのです。

仕事では「会社」「上司」を主人公にしがちである

自分の人生の主人公は「自分」である。

「よく聞く言葉だし、まあ当たり前だよね」と思うかもしれません。

でも、本当に「自分は主人公として生きている」と自信を持って言える人は、どのくらいいるでしょうか？

特に仕事の場では、この前提がどこかにいってしまうことが多々あります。

例えば、上司に「お客様からこんな問い合わせが来たんですけど、どうしますか？」と質問したことはありませんか？

あるいは、「私では分からないので上司に確認します」と伝え、上司が言ったことをそのままお客様に伝えたことは？

もちろん、一人では判断できないこともあるし、自分の考えで勝手に進めてはいけない仕事もたくさんあります。

でも、ただ人に言われた通りに動いているだけでは、自分の視点がまるでない。

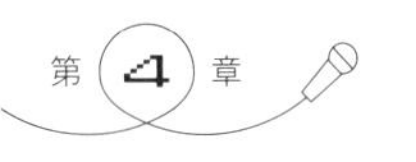

この場合、仕事の主人公は「上司」で、「自分」が不在になっていますよね。

今ドキッとした方もいると思いますが、無意識に会社や上司の顔色を窺い、指示を待ってしまう人はとても多い。

僕はこれまでプロデューサーという職種を通して、また複数のプロジェクトを統括するゼネラルマネージャー（部長職。以下、ＧＭ）という役職を通して多くの人を見てきましたが、大多数の人が「会社」「上司」など周囲の視点で物事を見ているな、と感じます。

決断ではなく「選択」をする

会社や上司の視点で仕事をしてしまう一番の理由は、自分の考えで動くと「責任」が発生するから。誰だって責任は持ちたくないですからね。僕だって、できることなら持ちたくないと思っています。

とは言え、他人の視点で動いていては、いつまでも自分の仕事ができません。

権限がなくても「選択」はできる

僕が部下によく伝えているのは「まず選択をしよう」ということです。

自分は決定できる立場にないから上司に判断を仰ぐ、という人は多いでしょう。

確かに、一人で「決断」や「判断」をすることは難しい。よほど上のポジションに就いていない限り、独断で進められる仕事はほとんどないかもしれません。

だけど、どんな場面であっても「選択」はできるはず。選ぶことは自分の視点ででできるからです。

例えば、「これ、どうすればいいですか？」と聞くのは丸投げ。「A案とB案、どっちにしますか？」と聞くのは、相手に判断を委ねていることになります。

理想は、自分の選択をした上で上司に判断を仰ぐこと。同じ「聞く」にしても、自分の考えを伝えた上で「どうですか？」と聞くのです。

「A案とB案を検討していて、私はこういう理由でA案でいきたいと思っているのですが、よろしいでしょうか？」

この聞き方だと、印象がだいぶ違いますよね。上司はその人が何を考えているのかが分かり、判断がしやすくなります。

また、一人一人が選択できるようになると、チーム全体の動きも良くなる。上司の指示待ち、判断待ちの時間が短くなり、その分他の仕事が進むからです。

自分で決められない時は、まず「選択」することを意識してみましょう。

フリーランスにしても同じ。仕事の依頼主に対して、自分の選択込みで質問や提案ができる人は強いですよ。

選択の基準は「ユーザー」

「うちの部署としてはこのプランでいきたいけど、営業は何と言うだろう？」

「選択」しようとすると、このように迷うことがあるかもしれません。

選ぶのは簡単だと思っていた

まず自分で選択する。これは、僕自身が入社当時から実践してきたことでもあります。


意識し始めたのは、映画監督を目指していた大学生の頃。きっかけは、フランシス・フォード・コッポラ監督のインタビュー記事を読んだことでした。

「監督の仕事とは何か？」という質問に対して、彼は「Ｃｈｏｉｃｅ」と答えていた。

例えば、映画のシーンで役者同士の良い芝居がぶつかった時に、どちらを選ぶか。

その選択をするのが監督の仕事だ、と。

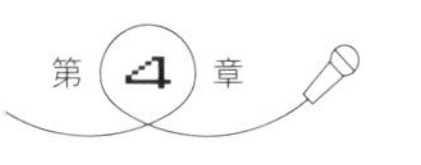

「なるほど。これなら俺もできるな」

記事を読んだ時、そう思ったことを覚えています。

関係者全員の状況を踏まえて決定するとか、そんな難しいことはできないけれど、2つのうち、どちらが良いかくらいは分かる。だから、まずは自分で選ぶことを大事にしよう、と思いました。

ところが、いざ仕事で選択を迫られると、迷ってしまった。

『リッジレーサー』というレーシングゲームの開発に携わっていた26歳くらいの頃のことです。

当時は今のように組織がしっかりしていなくて、プロジェクトをまとめるプロデューサー的な存在はいませんでした。よって、開発者数人のチームでゲームに関するあらゆることを決めなくてはいけなかったのですが、ここで僕は何をもって選べばいいのか、分からなくなってしまったのです。

選択には「基準」が必要

「選択」するためには、どこに合わせて選ぶのか、自分の中で「基準」を持っておく必要があります。そこで僕は、こんな風に考えていきました。

自分が良いと思うものは分かる→じゃあ、その良いものを誰に見せたいか？→同僚？　上司？　関係部署全員？→いや、お客さんだ。お客さんが喜んでくれるものを作りたい！

こうして僕の選択の基準は「ユーザー」になった。

第3章で書いた「ユーザー視点で考える」習慣はここから始まったのです。

迷った時はつねに、「お客さんが分かりやすいのはどちらか？　楽しめるのはどれか？」と考える。これは今でもまったく変わっていません。

仕事では、上司でも同僚でも部下でもなく、つねに「ユーザー」を見る。

「ユーザー」を起点に考えると、ブレない選択ができるようになります。

客観ではなく「主観」で決める

自分で判断できない時も、選択はしよう。迷ったら「ユーザー」を基準に考えよう、というお話をしましたが、ここで勘違いしてほしくないポイントがあります。

他人視点だけで決めたことはブレていく

選択の基準を「ユーザー」にすると、これまた「自分」が不在になってしまう人がいます。

ちょっとややこしいのですが、「お客さんはどう思うか？」と考えるのは大事なこと。ユーザー視点を持つことは絶対に必要です。

でも、「お客さんがこう言ってるから」だけで答えを選ぶのは違います。

もしかしたら、その意見を持っているのはごく少数かもしれませんよね。コアなユーザーだけを見ているとヒットからは遠ざかってしまう、というのはゲーム制作の現場でもよくあることです。

かと言って、みんなの意見を聞きすぎると、これまたうまくいきません。

「客観的に見て判断しました」

会社の会議でもよくこんな言葉を耳にしますが、僕はその都度疑問を呈します。

確かに、判断する時には材料が必要。材料を揃えるには「客観的な視点」から情報収集をします。

しかし、それだけで結論を出してはいけない。

「選択」は、あくまで自分の「主観」で行うものだからです。


色んな意見や情報が集まった。その上で自分はどうしたいのか？

選択の中に「自分の意見」がないと、時間が経つごとに方向性がブレていきます。

誰かにいかにも最適解っぽい意見を言われると、そちらの方が良いかも、と思ってしまう。また別の誰かが正しそうなデータを提示してきたら、やっぱりこっちでいくべきかも、と悩み始める、というように。

軸がないとグラグラグラグラしてしまい、最終的には「で、結局あなたは何がしたいの？」と言われることになるのです。

どんな場でも自分の意見を持つ

大事なのは、つねに「自分の意見」を持つことです。

「お客様はこう言ってます、Aさんはこう言ってます、こんなデータもあります。客観的に見たら○○という結論が妥当だと思いますが、自分はこう思った。なので、○○の方向性でいきたいです」

人の意見や集めた情報に終始するのではなく、自分はどう思ったのか、これからどうしていきたいと思っているのか、ここまでセットで伝えることが大事。

そして、それをどんな場所でも、誰の前でも言えるようにすることです。

たとえ大人数が出席する会議の場であろうと、社長や役員の前であろうと、堂々と自分の意見を言う。他の全員が反対している局面でも、同調圧力には屈しない。

特に大きなプロジェクトを動かしていく上では、自分の中でブレない軸を持っておくことが求められます。

手段ではなく「目的」を考える

「主人公思考」を持った一流のプレイヤーになるためには、1つ1つの作業の先にある「目的」を見据えた仕事をすることが大切になります。

ですが、若手社員と接していると「各論で話しているな」と思うことがよくある。今目の前にある仕事に囚われていて、その先にある「目的」を見失っていることが多いんですね。

「目的」と「手段」は入れ替わりがち

第2章で『アイドルマスター』のＩＰ開放について触れましたが、その事業成果について担当プロデューサーに発表してもらう機会がありました。

最初は僕もなるほどね、と思いながら聞いていたのですが、いつまで経ってもこのプロジェクトとして出すべき結論が見えてこなかった。

ＩＰ開放のそもそもの目的は、弊社が企図していた「ＣｔｏＣ事業のテスト」でした。

ＣｔｏＣ事業とは、一般のユーザーが個人同士で商取引を行うこと。フリマアプリやネットオークションがその代表です。

もちろん、ユーザーの皆さんに『アイドルマスター』というコンテンツの二次創作を自由に楽しんでほしい、という想いもありましたが、それはあくまで「手段」。

極端なことを言えば、コンテンツは他の作品でもよかったわけです。

ところが、プロジェクトの現場レベルでは『アイドルマスター』のキャラクターがどんな商品に使われたか、それに伴いどんな問題が起こったか、というポイントにばかり焦点が当てられていた。

よって、報告も『アイドルマスター』がどうだったか、という内容ばかりになっていました。

プロジェクトメンバーの実際の仕事内容から考えると、そうなってしまうのも分かるのですが、本当に報告すべきはＣｔｏＣの事業に対してどんな考察を持ったか、どういうノウハウが蓄積されたか、という部分。

これがないと検証ができないのですが、時間が経つにつれ、事業の「目的」と「手段」が入れ替わってしまったんですね。

目先の問題も解決しつつ、本題に立ち返る

この件に限らず、目的と手段が入れ替わる、というのはよくあること。どのプロジェクトでも日々色んなことが起こるわけで、その中ではどうしても「売上が」「バグが」など、今直面している課題に目が向きがちだからです。

もちろん、目先の問題も解決しなければなりません。でも、チーム全員がそこしか見ていないとなると、プロジェクトは迷走してしまいます。

だからこそ、「そもそもの目的は何だったっけ？」と都度、本題に立ち返ることが必要。それを指摘することも僕の仕事だと思っています。

目的が見えれば「自分事化」できる

僕は新人の頃からつねに「この作業は何のためにやるんだろう?」と目的から考えるクセがあったのですが、なぜそうなったのかを考えてみると、学生時代に漫画を描いていた経験が影響しているように思います。

漫画で学んだ「目的」設定の大切さ

実は僕、映画監督を目指す前、小学校から高校2年生くらいまでは漫画家になるのが夢で、学生時代は毎日のように漫画を描いていたんですね。

素人ながらに「どうすれば面白くなるかな?　あの漫画のあの絵の見せ方を真似たら迫力が出るかな?」などと考えては試行錯誤していたのですが、中でも苦労したのがページ数を絞ることでした。

16ページ、24ページ、32ページなど漫画には決まったページ数があって、その中で1つの話を完結させなければいけないのですが、これが難しい。

考えたストーリーをそのまま描いていた最初の頃は「え、この漫画って何百ページにもなっちゃう！　しかも、面白いかどうかも分かんない！」という状態になっていました。

そこで、「この漫画で一番伝えたいことって何だろう？」と原点に戻って考えてみた。このストーリーを16ページで描くには、かなりカットしなければならない。そのためにはまずプロットを作って、その中から本当に描きたい部分を選ぼう。それからどんなコマ割りで、どんな表現で見せていくかを考えよう。

いつの間にか、こんな風に考えるクセがついていきました。

どんなコマ割りにするか、どんな絵、セリフで表現するか？　漫画を描くとなると、こうしたギミックの部分にこだわりがちですが、それはあくまで「手段」。

最初に見せ方を考えるのではなく、まずはこの漫画で伝えたいメッセージやテーマを決める。「手段」は、「目的」が決まった後で考えればいいのだと気づいたのです。

どの仕事でもまず「目的」を理解する

「手段」よりも「目的」を考える。

この考え方が今も基本にあるので、僕はどんな仕事でもまず、そのプロジェクトが目指す「目的」や「ゴール」を理解しようとします。

マラソンやドライブでも、目的地が分からないまま闇雲に進んでも、ゴールにはたどり着けませんよね。

考えても分からない時は先輩や上司に聞くなりして、自分の仕事の目的を明確にしておきましょう。

根幹を初めに理解しておくと、プロジェクトの全体像が見える。

すると、目先の問題や手段といった枝葉の部分に左右されることなく、目的に沿った仕事ができるようになります。

「目的」が見えれば「作業」じゃなくなる

もしかしたら、「今、自分がやっている仕事って何の意味があるんだろう?」と思っている方もいるかもしれません。

例えば、会議の資料を作る、データ入力をする、クレーム対応をする、といった作業的な仕事が続くと、誰かにやらされている感覚になることがあります。

効率化が重視される会社組織では、どうしても仕事を細分化して一人一人に割り振らなければならないところがありますが、ただの「作業」になってしまうと、これはしんどいですよね。

でも、どんな業界、職種であっても、意味のない仕事なんか1つもありません。

今日あなたが作った資料が使われた会議では、未来の大ヒットコンテンツを作るための議論がなされているかもしれない。

あなたが入力した大量のデータからは、プロジェクトを成功に導くヒントが見つかるかもしれない。

あるいは、あなたが聞いたそのクレームが、ユーザーを満足させるサービスの構築につながるかもしれない。

その先にある「目的」や「お客様の顔」が想像できれば、今担当している仕事にも意味が見出せるようになるはず。

自分の仕事は小さいけれど、○○という目的を達成するためにあるんだ。

そう思えれば、作業に対する姿勢も変わりますよね。「目的がこれなら、資料やデータはこういう作り方をした方が良いな」などの工夫も生まれるでしょう。

これこそが「自分事化」。一流のプレイヤーになる第一歩です。

主人公思考のカギは「共感」

仕事では自分が担当している枝葉の部分だけではなく、体系的な全体像を理解することが大事、というお話をしました。

しかし、これは前提条件。「主人公思考」を持つためには、その一歩先を目指す必要があります。

「理解」から「共感」へ

仕事の目的は分かった。こう動けば、目的達成に貢献できるだろう。

これは「理解」です。ここまでは皆さん、それほど苦労せずにできるでしょう。

一流のプレイヤーというのはその一歩先を行き、「自分だったらどうしたいか?」と考える。目的を理解した上で、自分の選択を持って行動に移します。

では、このレベルに上がるには何が必要か?

ポイントは「共感」にあると考えています。

「主人公思考」を手に入れるプロセス

①理解する
②共感する

「主人公思考」を持っている人は、理解で終わることなく、「共感」のフェーズまで行きます。

「共感」とは何かと言うと、自分自身が「好き！」「面白い！」と感じることです。

例えば、同じゲームを作るにしても、「ユーザーはこういうのが面白いと感じるんだよね」という「理解」を前提にしている人と、「こういうのがあったら面白いよね！自分だったら徹夜でやっちゃうな」と「共感」を前提に考えている人とでは、生まれるアイデアやアウトプットがかなり変わってきます。

後者の人が担当した方が面白いゲームになりそうなことは、容易に想像がつきますよね。

僕自身も、自分が面白いと感じているものに対しては、「じゃあ次、こういうのやったら楽しいよね」とすぐに具体的なアイデアが降ってくる感覚があります。しかも、感情的にピンと浮かぶ。

また、何か問題が起こった時も、前向きに解決策を検討できるだけでなく、「こうすればもっと面白くなるんじゃない？」とさらに良いアイデアが湧いたりする。こうなると仕事がどんどん進みます。

本当の意味で「自分事化」するには、やはりこの「共感」が大事なポイントになる気がしています。

「共感」のフックを見つける

しかし、共感の域に達するのは、わりかし難しいことだとも感じています。

自分が元々好きなジャンルの仕事をする時はいいのですが、いつも好きなものばかり担当できるわけではないからです。

特に会社員の場合は、まったく興味がない仕事や不得意ジャンルを突然任される、ということが珍しくない。『アイドルマスター』にしても、プロジェクトに参加した当初の僕にとっては未知の世界でした。


そんな時はどうすればいいか？

まずは、先ほどお伝えしたように、その仕事について「理解」することです。

それができたら次に、どこか1つでいいから、自分が「好き」「面白い」と感じるポイントを見つける。

すべてに共感するのは難しいとしても、たった1ヶ所でいい、と言われたら見つかる気がしませんか？

例えば、「女性アイドル」というジャンルには興味がないけれど、あのアイドルが卒業ライブで言っていた言葉には感動したとか、アイドルとしての彼女はよく知らないけれど、雑誌で紹介していた私服がすごく可愛かったとか。

そういう経験なら比較的、誰にでもあるのではないかと思います。


実際に『アイドルマスター』のチームも、アイドルが大好き！という人ばかりではありません。

でも、「可愛い女の子のイラストは好き」とか、「オーディションを題材にしたゲーム性が面白い」「アニメやイベントと連携したコンテンツの作り方に興味がある」など、メンバーそれぞれに、どこかしら「共感」できるポイントがある。

みんな、自分の「好き」「面白い」を切り口にすることで、良いアイデアを提案しているのです。

まずは、自分が共感できるポイントを、1つでいいから見つけてみましょう。

仕事の内容にどうしても興味が持てなければ、プロジェクトチームの雰囲気が好き、というのでもいい。入り口は何でもいいので、とにかく自分が「好き」と思えるものを探すことです。

共感の「フック」さえ見つかれば、「自分事化」できるはず。

後は、それをどう自分の仕事に落とし込んで、アウトプットに活かしていくか、組み立てを考えればいいのです。

「主人公思考」を作った7つのマイルール

①楽しんで、のめり込む

仕事を「自分事化」するための方法をあれこれお伝えしましたが、ここで僕自身が「主人公思考」を持つに至ったマイルールのようなものを、いくつかまとめてご紹介したいと思います。

ちょっと気恥ずかしいのですが、坂上陽三の「仕事の流儀」のようなものです。

分からなすぎて辞めようと思った初仕事

会社員である限り、自分が知らないもの、興味のない仕事を担当する機会は多々訪れます。と言うより、僕は30年間それしかやってきていません。

それでも「自分事化」できたのは、「自分が楽しむ」ということを忘れなかったからではないかと思っています。

入社して最初に担当した仕事は、『エアーコンバット』というアーケードゲームのビジュアル制作（CGデザインを担当）。これは戦闘機を操作するフライトシューティングゲームなのですが、元々戦闘機に興味はありませんでした。

もっと言うと、絵はたくさん描いていたけれど、ビジュアル制作に必要不可欠なCGについての知識もほぼゼロだった。

戦闘機のモデリングをするにあたり、写真集を片手に戦闘機の構造を知ることから始まり、同時にプログラミングの勉強もしなければいけませんでした（当時は今のようなCGソフトがなかったのです）。

ビジュアル担当は僕を入れて、なんと3人。たった3人で選択画面から戦闘機、UI（ユーザーインターフェースの略で、ゲームの遷移図のこと）、各リザルト画面に至るまで、すべてを作らなければいけなかったので、ものすごく大変でした。

しかも、まだ高性能なパソコンがない時代です。若い方には想像がつかないかもしれませんが、今では1分もかからないゲームのコンバーター出力に、6時間もかかっていたような頃の話です。

興味もないし、よく分からない上に、途方もなく時間がかかる作業。これはもう、本当に辞めようかなと思いました。

ポジティブに仕事を愛する

ここで僕を踏みとどまらせたのは、「楽しい」というシンプルな感情でした。

ビジュアルは、ディレクターが作りたいと言ったものを100%以上の形で具現化する仕事。僕ができなければ、永遠にゲームは完成しないわけです。

周りに比べて圧倒的に自分の作業スピードが遅いことは分かっていたので、早く一人前にならなきゃと、寝る間も惜しんで技術の習得に打ち込みました。

当時は海外製の1台1000万円もするようなパソコン（CGデータを作成するソフトが入っていたため高価）を使っていたので、家に仕事を持ち帰ることはできなかった。また、会社に泊まることも許された時代だったので、週に3日くらいは会社に泊まり込んで作業をしていました。

不思議なもので、いったん集中し始めると時間が経つのはあっという間。

CGは4つの点を結んで面にし、形を作っていくのですが、ちょっとずつ形ができていくのが面白い。粘土細工や工作のような楽しさがあるんですね。できることが増えるにつれ、どんどんのめり込んでいきました。

当時、ＹＦ－23というアメリカ空軍向けに試作されたステルス戦闘機を作っていたのですが、プログラマーがテストで動かしてくれた時は、自分が作ったものが「本当に動いてる！」と感動しました。

ドット絵の習得に３ヶ月、さらに３Ｄの習得に３ヶ月。

不得意なことを半年もやり続けるのはかなりしんどいものがありましたが、他のプログラマーや先輩たちが優しく見守ってくれたこともあり、僕は途中で腐ることなく、なんとか一人前になることができました。

この最初の仕事から、僕のスタンスは変わっていません。

どんなに分からない仕事でも、まずやってみる。自分が共感できるフックを見つけて、楽しみながら没頭する。

要は、いかにポジティブに仕事を愛せるか。恋愛にたとえるなら、告白されてから相手を好きになる努力をする、ということかもしれません。

こうして楽しみながらのめり込む姿勢を持つことが、仕事においては大事だと思っています。

「主人公思考」を作った7つのマイルール

②来る者は拒まない

僕はどんな仕事でもまず受ける、ということを新人の頃から意識していました。第1章で『アイドルマスター』を担当することになった経緯について書きましたが、自分が詳しくないジャンルの仕事であっても、断ることはしません。基本的に「来る者は拒まず主義」を貫いてきました。

「やりたい」よりも「まず受ける」

入社当初は現場でビジュアルを担当していたので、上司からアサインされる（仕事を割り当てられる）立場だったのですが、それを待つのではなく、自分から積極的にどんどん次のプロジェクトに参加していこう、という意識もありました。

と言うのも、当時は先にチームビルドをすることが多かったので、開発者が2～

3ヶ月待機状態になる、ということがザラだったんですね。「今、企画の仕様をまとめているので待機しててください」と言われ、その間にCGの技術を練習する、というようなことがよくありました(今は企画が決まってからアサインされるのが普通)。

困ったのは、待機中に企画がボツになることが多々あったこと。そうなると、また次の企画にアサインされて、本格的に動くまで待機しなくてはならないわけです。

余裕があって良いと言えばそうなのですが、当時は暇が怖かった。

あまりに間が空くと辞めてしまいそうだなと思ったので、確実に進みそうな企画を見つけて、自ら参加の意思を伝えるなどしていました。

それから、30歳までに10タイトルは担当しておきたい、という目標があったので、時間を無駄にしたくなかった。

よって、自分がその仕事をやりたいか、よりも、まずはいかに受けるか、ということを重視していました。

「主人公思考」を作った7つのマイルール

③逆張りでいく

それから、仕事を受ける時にもう一つ意識していたのが「逆張り」。人がやらないことをあえてやる、ということです。

みんながやらないんなら、やろう

『リッジレーサー』というアーケードゲームの家庭用ゲーム版を制作することが社内で決まったものの、なかなかメンバーが集まらない、ということがありました。

実はこれ、1994年にソニー・コンピュータエンタテインメント（現ソニー・インタラクティブエンタテインメントLLC）から発売された「PlayStation（以下、プレイステーション）」の初期タイトルなのですが、当時のゲーム業界では、ゲームメーカーではない会社が作るハードに対する不安があったんですね。

また、当時レーシングゲームを得意としていたナムコにはすでに類似のタイトルがたくさんあり、みんな「またレーシングゲームか」と飽きていた節があった。

会社としても力を入れているプロジェクトとは言えない雰囲気があったため、人が集まらなかったんだろうと思います。

そこで僕にビジュアル兼ディレクターの話が来たわけですが、「みんながやらないんだったらやろう」と引き受けることに。まさに「逆張り」の考え方です。

大ヒットで社長賞&昇進

この仕事を受けようと思った理由は2つ。1つは、会社が求めているのだから、やるのが当たり前だと思ったこと。僕はクリエイターである以前に会社員なので、与えられた役割を担当するのが当然だと考えていました。

もう一つは、3Dの家庭用ゲームに未来を感じたこと。

プレイステーションが成功するかどうかは分からなかったけれど、ゲーム業界の人間はみんな、3Dのゲーム自体には大きな可能性を感じていたと思います。

よって、ヒットするかどうかは分からないけれど、とりあえずやってみようと思いました。

家庭用ゲーム版『リッジレーサー』には企画担当もプロデューサーもおらず、ビジュアルとプログラマーだけで構成された、みんなほぼ新人みたいなチームでした。

しかも、他の家庭用ゲーム制作チームとはフロアも違う、隔離された部屋を与えられた。他の社員と会うこともなく、社内では完全に孤立していました。

あの孤独感というのはなかなか辛いものがありましたが、ご存じの通りプレイステーションは大ヒット。おかげで『リッジレーサー』も予想以上に売れ、社内でも大きく評価されることとなりました。

「坂上くん、達成率2万%だよ！　1億円くらいボーナス出るんじゃない？（笑）」

GMが僕の肩を叩きながらこう言ったのでものすごく期待していたのですが、実際には数万円だった、という会社員ならではのエピソードもあります。

そのかわり、社長賞の受賞と主任への昇進があったので、僕としては満足でした。

毎回こんな結果が出るわけではありませんが、人が通常やらない、行かないところにこそチャンスは眠っている。「逆張りで挑む」は、今でも大事にしているポリシーの1つです。

「主人公思考」を作った7つのマイルール

④こだわらない執着心

コンテンツを作る上で他に意識していることと言えば、「こだわらない執着心」も挙げられます。これは「こだわらないこと」にこだわる、ということです。

「こだわらないこと」にこだわる

クリエイターをやっている人は分かると思うのですが、作り手には当然コンテンツに対する思い入れがあります。

そして、その思いは時間が経つにつれ、だんだん強くなっていく。

時には強くなりすぎて、本来ユーザーに提供しようと思っていたものとは違う路線に行ってしまうことも。

映画でも、監督が伝えたいメッセージが強調されすぎていて、格調は高いけれども娯楽作品としては楽しめない、という作品がたまにあります。

ゲームを作っていて思うのは、作り手のこだわりがルールを増やしてしまい、ユーザーがゲームに求めるものからはズレていく、ということ。

例えば、キャラクターの設定を細かくしすぎると、「このキャラはこういう設定なので〇〇はしません」というように、そのキャラクターがゲームの中でできないことが増えていきます。

ゲームは複数の集団で開発していくものなので、間違いを避けるためにルールを作る必要はあります。しかし、それは「縛り」を生み出すことにもなる。

縛りが増えすぎると、クリエイターは面白いものを柔軟に受け入れることができなくなり、クリエイティブ力を発揮できません。「ルールだからできない」ということが多くなるからです（その結果、思考停止を招いてしまうことも）。

そうしてできあがったものは、ユーザーに対して「方向性は間違ってはいないけど、どこかイマイチ」という印象を与えかねません。

また、ルールが増えすぎると伝言ゲームになり、情報がプロジェクトチーム全員に正しく伝わらない懸念も出てきます。

特に『アイドルマスター』のような、多数のタイトルを長年にわたってシリーズ展開しているコンテンツの場合は、関わる人数が多いため、矛盾が生じやすくなってしまいます。

結果として、ユーザーにとって面白いゲームではなくなってしまう。作り手がこだわりすぎると、ユーザーからどんどん離れていくことになるのです。

だからこそ、僕は「こだわらない執着心」を持つ。

「自分がユーザーだったら何を求めるか?」とつねにユーザー視点で考えながら、作り手のエゴでこだわりすぎないことを心がけています。

「主人公思考」を作った7つのマイルール

⑤「無謀」か「チャレンジ」か見極める

仕事を受ける時は、その仕事のサイズ感を理解することも大事だと思っています。業務時間内にこなせる量か、実現可能な難度か。こうしたことを、今の自分と照らし合わせながら考えるのです。

成功しないと「チャレンジ」にならない

難しい仕事を終えた後で「良いチャレンジをしたね」と言われることがありますが、それはあくまでも結果論。その仕事がうまくいったからそう言われたのであって、もし失敗していたら「無謀なことをやったよね」と言われていたことでしょう。

つまり、成功しないと「チャレンジ」にはならない、ということ。

「無謀」ではなく「チャレンジ」にするためには、結果を出すしかないのです。

そのためには、仕事を受ける段階で、それが自分にとって「無謀」なのか「チャレンジ」なのかを見極める必要があります。

仕事のサイズ感は、経験を通して自分の中で把握していくもの。無謀かどうかは自分にしか分かりません。

例えば、先ほど「逆張りでいく」というマイルールをご紹介する中で、家庭用ゲーム版『リッジレーサー』を作った時のお話をしましたが、あの時、実は周囲からは「無謀」だと思われていました。

当時の家庭用ゲーム制作チームは、ほとんど2Dのゲームしか作ったことがなかったので、3Dのゲームは作れないだろうと思われていたんですね。それに加え、システム基板のスペックが業務用の4分の1の性能だったことも、無謀な挑戦だと思われた一因でしょう。

しかし、僕とプログラマーは「できる」と思っていた。僕たちには3Dのゲームを作った経験があったからです。正確には、どんなものになるかは分からないけど、できそうな予感がありました。

結果は先述した通り。周囲の予想を裏切り、うまくいったので、それは「無謀」ではなく「チャレンジ」になりました。

これは成功例ですが、自分で「無謀」だと判断したら引くこともあります。今やってもうまくいかないことが分かっている場合は、うまくいくタイミングが来るのを待つ。その方が結果的に会社の利益になることもあるからです。

会社にいると、その判断を上司任せにし、うまくいかなかった時にも言い訳ができてしまいますが、それでは一流のプレイヤーにはなれません。

上司にやれと言われたからやるのではなく、できるかどうかをまず自分で判断する。「チャレンジ」にするのも「無謀」にするのも自分次第です。

そして、その判断は仕事を「自分事化」して経験を積むことで自ずとできるようになります。

「主人公思考」を作った7つのマイルール

⑥自分が活きる場で勝負する

不得意なジャンルの仕事でも積極的に引き受けてきた僕ですが、同時に、自分が一番能力を発揮できる部分はどこか？ということについても考えてきました。

自分の得意と強みを分析する

自分には「プロデューサー」の適性があるかもしれない。

最初にそう思ったのは24歳くらいの頃でした。

ゲーム制作の打ち合わせでは、プログラマーと企画担当が揉める、ということがよくあります。ロジカルに物事を考えるプログラマーに対し、企画担当はふわっとした概念的なことを言いがちなので、ぶつかりやすいんですね。

ここで間に立ち、どちらに肩入れするでもなく、プロジェクトの目的に沿って議論を進めるリーダー的な存在が必要になるわけですが、僕は自然とその役割を担うことが多かった。

思えば、僕は学生の頃からそんなことをしていた気がします。

高校1年生の時は、ホームルーム委員（生徒会の中の役割の一つ）の書記として、校内を管理するような仕事をしていました。クラスで委員を決める時に、誰も手を挙げないし、楽そうだなと思って立候補したのですが、これが大変だった。

学祭の時のことです。僕は各クラスの演目に合わせた机の手配を任されたのですが、何しろ40人×9クラス×3学年もある学校です。どの教室からどの教室に何個机を移動させるか、誰にどのルートでいつ運んでもらうかを考えることは、容易ではありませんでした。

でも、僕がきちんと仕切れないと混乱が起きてしまうため、机の配置図や運搬ルートを徹夜で作成。みんなに運んでもらう時も、渋滞が起きないように各階のスタッフとトランシーバーでやり取りをしながら指揮をとりました。

いやぁ、この時が人生で一番頑張った気がしますが、おかげで当日は混乱もなくスムーズに配置が完了。さらに、その実績を買われてか、2年生の時には先生に立候補してみろと言われ、生徒会長を務めることにもなりました。

こんな感じで、昔から人をまとめたり、調整したりする役割を任されることが多かったんですよね。大変だし、僕自身が望んだことはないのですが。

ただ、それが自分の役割なら、ゲーム作りでも活かした方がいいだろうと思った。

そこで、それぞれが必要な能力を発揮できるように、プロジェクトの進行管理を務めるようになったのです。

適性から自分が活きる場を考える

「プロデューサーになりたい」と思ったことは一度もありませんが、適性を考えたら自分が務めるのが妥当だろう、今もそんな風に考えています。

本当は、もう少し現場でゲームデザインを続けたい気持ちもあったのですが、一番僕が力を発揮できる職種は、やはりプロデューサーだった。

自分の強みを分析して適性を見極める。組織で活躍するためには、自分を活かすための戦略を考えることも必要ではないかと思います。

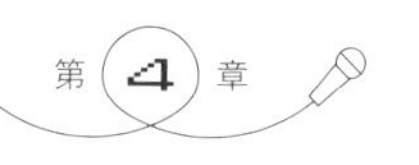

「主人公思考」を作った7つのマイルール

⑦「捨てる」という選択をする

この章では繰り返し、「自分の選択をしよう」とお伝えしてきました。「主人公思考」を持つためには、自分の視点で何を選ぶかが大事なのですが、実はそれと同じくらい、何を選ばないか、も大切。

時には「捨てる」という選択が、自分を助けると思っています。

「漫画家」と「映画監督」を捨てたからこそ今がある

僕はゲームプロデューサーとして、それなりに実績を作ることができたわけですが、ここに至るまでには諦めた夢もありました。

先述した通り、子供の頃に目指していたのは「漫画家」でした。

でも、自分が「描きたい」と思う絵と、「描ける」絵は違った。本当はハリウッドの

SF映画みたいなハードな世界観を描きたいのに、僕は可愛らしい絵しか描けなかった。そのギャップを埋めることができず、10年以上追い続けた夢を諦めました。

次に目指したのは「映画監督」。

そもそも映画好きだった僕は、じゃあ今度は映画監督を本格的に目指してみようと思い、大学で映像について学びました。もちろん、卒業後すぐに映画監督の仕事に就ける、というほど甘い世界ではないので、まずは映像プロダクションに入りました。映画、CM、ドラマ、バラエティ、報道などありとあらゆる映像制作に携わりましたが、そのうちに自分がやりたいことが分からなくなっていった。

また、映像の現場は人数が多すぎて、どうすれば下っ端から這い上がっていけるかのイメージも湧かなかった。

さらに、当時の映像業界は就業環境も相当過酷だったので、働きすぎで体も壊してしまった。こうして、映画監督の夢もまた潰えました。

これからどうしようかな、と途方に暮れていた時にふと気になったのがゲーム業界。よく考えたら、世界で売れてる日本のゲームってすごいよね。しかも、ゲームって映像じゃないか。もしかしたら、僕が作りたい「世界に通じるエンターテインメント作品」って、ゲームで実現できるんじゃないか？

子供の頃から目指してきたものがここで一本につながり、僕は今の会社に転職することになったのです。

少し長くなりましたが、つまり、今の僕があるのは「漫画家」と「映画監督」の道を諦めたから。

捨てるという「選択」をしたからこそ、結果として、世界に通じるエンターテインメント作品を作る、という子供の頃からの夢が叶ったし、映像業界では見えなかったキャリアアップも果たすことができたのです。

もし、夢を叶える「手段」の方にこだわり続けていたら、今頃ニートになっていたかもしれませんね。

目的達成のためには何を選んで、何を捨てるべきか？

人生は有限。その限られた時間を何に使うか？と考えるのは大事なことです。

やりたい職種や、給与などの条件、会社でのポジションにこだわるのもいいですが、そこに執着しすぎると、理想の人生からは遠ざかってしまうかもしれません。

また、これは1つ1つの仕事においても同じことが言えます。

「二兎を追う者は一兎をも得ず」なんてことわざもある通り、あれもこれもと欲張りすぎるとプロジェクトは方向性を見失う。

ゲームでも、要素を詰め込みすぎると全体の流れが悪くなることがあります。

例えば、「このキャラクターの可愛らしさを出したい」という1つの目的を果たすために、3つも4つもエピソードはいらないわけですが、完成したものを統合してみると要素が重複していることがある。

ゲームというものは仕様書が作られ、各パートに担当が割り振られ、それぞれが部分的に開発していきます。そのため、つなげて通しで見た時に「このパートとこのパートは仕様は違うけど、同じことを伝える内容になっているよね」ということが起きがちなのです。

お金も時間もかけて作ったものなので、できることなら全部入れたいところ。でも、それをやってしまうとゲームのテンポやバランスが悪くなってしまいます。

よって、時には、完成したゲーム仕様やシナリオを大幅にカットした方がいいこともある。映画にたとえるなら、きちんと編集する、ということですね。

つまり、取捨選択をできないと売れる商品にはならないのです。

だからこそ、仕事でも人生でも、時には大胆に「捨てる」という覚悟が必要。

あなたが今、人生を通して、あるいは仕事を通して、本当に実現したいことは何か？　そして、そのためには何を選んで、何を捨てるべきか？

時々、原点に立ち返って考えることが大事なのではないかと思います。

一流のプレイヤーになるには、何事も自分の視点で選ばなくてはいけません。

ぜひ、自分で「選択」できる人になってくださいね。

勝股春樹（入社7年目）
『アイドルマスター』
ライブ担当チーフ

Q1／坂上さんとの関わり

コンテンツであると同時に会社のIPである

僕は入社以来、ずっと『アイドルマスター』の興行イベントに携わっています。実は坂上さんの部下になったことは一度もないのですが、付き合い自体は7年以上になります。

おかげさまで『アイドルマスター』の数多あるコンテンツの中で興行事業は大きく成長することができました。その背景には、坂上さんに「『アイマス』はコンテンツであると同時に会社のIPである」という視点を教えてもらったことが大きく影響しています。

Q2／印象に残っている言葉

「ライブもプロデュース体験である」

僕が一番刺さったのは、「『アイドルマスター』とは、アイドルプロデュースゲームである」という言葉。

当たり前に聞こえますよね（笑）。もちろん、ゲーム事業の中では当たり前の共通認識ですが、ライブとなるとつい別物だと捉えがち。一般的に、ライブは音楽を起点にどう見せるか？という視点で考えるので、ライブがユーザーにとっての「プロデュース体験の場」というのがなかなかピンとこないんです。

でも、アイマスにおけるライブの主役はプロデューサーである観客たち。つまり、そこに集まる人たちはみんな「同僚」です。この設定が理解できると、ライブの作り方が全然変わります。

大事にすべきは、キャストパフォーマンスや演出を通して、ライブに参加するすべての人が「追体験を分かち合えるか」。

ライブ中、プロデューサーさんはコンサートライトを使ったり、思い思いの方法で会場の雰囲気を作ってくださります。そうしたライブを一緒に作り上げる体験を通して、「作品愛を分かち合える場所」を提供することを重視するようになりました。

転機となったのは『アイドルマスター』が10周年を迎えたタイミング。イベントチームはここで次の10年を考えるにあたり、『アイマス』にとってのライブの役割について再定義していました。考えるうちに坂上さんが一貫して言っていた冒頭の言葉が起点となり、ライブはあくまでも一つの手段だと思うようになった。そして今だからこそ、改めてそこに立ち返れるようなイベントを企画してもいいんじゃないか、と。

坂上さんにそれを伝えると「合ってます。正しいです」と言ってもらい、現在もご好評いただいている「プロデューサーミーティング」の企画も生まれました。坂上さんの言葉でコンセプトを再確認することができて、本当によかったです。

Q3／尊敬するポイント

全体をまとめるバランス感覚

一言で言うと、「バランス感覚」ですかね。

坂上さんはユーザーファーストというブレない軸がありながら、現場では僕らを起点にして立ち振る舞ってもくれる。全体を俯瞰しながら、相手に合わせてその場で絶妙に、自分の立ち位置や伝え方を決めているところはすごいなと思います。

これは二人で飲んだ時に聞いたんですが、坂上さんは高校でも生徒会をやっていたし、なんとなくいつも調整役やチームをまとめる立場になっている、と。自分が望んだわけじゃないし、板挟みになるって大変だけど、自分はそういう性質なんだからしょうがないよね、と言ってたんです。つまり、坂上さんは根っからのバランサーで、その中で研ぎ澄まされた能力なのだろうな、と思いました。

他にも、坂上さんは人生哲学的な話をたくさんしてくれます。例えば、「幸せって何ですかね？」なんて抽象的なことを聞いた時は、こんな答えが返ってきました。

「何が幸せかは分からないけど、過去に幸せでも、今幸せだと思えていない人は幸せじゃない。もちろん、今幸せじゃない人は幸せじゃない。ってことは、今この瞬間に幸せだと思えているかどうかかな」

どんなことを聞いても、すぐに答えてくれる。それはきっと、つねに業務を超えたテーマで世の中を捉えていて、しかも、それを自分の中で言語化できているからだと思います。そういうところも尊敬できますね。

Q4／主人公思考を実感したエピソード

「売上を上げる」と「面白いものを作れ」は同じ

以前の僕は石原さん（石原章弘・元『アイドルマスター』総合ディレクター）の下で働く機会が多く、現場仕事がほとんどで、考え方が現場やクリエイター寄りでした。

とにかくお客様が満足してくれる良いライブを作ることに没頭していて、会社にどのくらい利益があるかとか、会社としてどう見せていくか、ということについては無頓着だったんですね。だから、現場では認めてもらえても、会社員としての評価は正直イマイチだったと自覚しています。

でも、社員である僕がプロデューサー視点を持っていないと、そもそも作品やイベントが継続できなくなる可能性もあり、長い目で見た時に結局はお客様にも不利益が出てしまうことがある。その辺りの立ち回り方や、プロデューサー的なアプローチ方法については、坂上さんにかなり指導してもらいました。

例えば、「売上を上げろ」と「面白いものを作れ」は同じということ。報告の仕方が現場では「面白い」、会社では「売上」になるだけで、楽しんでくれるお客様を増やすのが大事なことには変わりない、というようなことを教えてもらいました。

おかげで数字的なことも前向きに考えられるようになり、最近ようやく僕もバンナム社員っぽくなってきたかなと思います(笑)。

それから、石原さんから学んだエンターテイナーとしてのプロ意識など感覚的な要素を、坂上さんが「体系的に言語化」してくれた、という実感もあります。

僕は何かを説明する時にワード数が多いとよく言われるんですけど、「つまりそれって○○だよね」と、坂上さんがいつも一言にまとめてくれるんですよね。

多くの人を動かさなければいけないプロデューサーには、端的で分かりやすい言葉選びが求められる。坂上さんのおかげでだいぶ意識できるようになりました。

第5章

自分事化できる人に育てる

一流の人材を育てる方法

「マネジメント」と「人材育成」

第4章では「主人公思考」を持った一流のプレイヤーになる方法について、プレイヤー目線でお伝えしました。

続く第5章でご紹介するのは「一流の人材の育て方」。

今度はマネジメント目線でお伝えしていきたいと思います。

後輩や部下にも「主人公思考」を持ってほしい

第4章を書きながら、若手の頃はこんなことを考えてたなぁと、当時を懐かしく思い出していたのですが、今振り返ると20代は楽だったなぁとも思います。目の前の仕事と自分の成長だけに集中していればよかったからです。

しかし、会社員というのはプレイヤーとして一人前になったらそれで終わり、ではありません。年次が上がるにつれて、会社からは新たなミッションが与えられる。

それが「マネジメント」と「人材育成」です。

企業によっては専門職やエキスパート職など、専門性を追求できる役職が用意されている場合もありますが、多くの組織人にとって、この2つは避けては通れない仕事でしょう。

皆さんの中にも、今まさにこの問題に直面している方がいらっしゃるかもしれませんが、特に「人を育てる」というのは難しい。

僕自身もその大変さを痛感してきましたが、後輩や部下にも「主人公思考」を持ってほしい。これは強くそう思います。

自分事化できた方が仕事が楽しくなるのは間違いないし、結果も出せるようになる。自分が大きくレベルアップできるからです。

そして、上司として仕事を任せたいと思うのも、評価したいと思うのもやはり、「主人公思考」を持った人。

だからこそ、マネジメントに携わる時は、そうした人材を育てる役目から逃げてはいけないな、と思っています。

プレイヤーとマネジメントの両立

現在の僕は「エキスパート」という役職に就いています。

これは弊社で新しくできたばかりの役職で、業務範囲もきちんと決まっていないのですが、ポジションとしては事業の責任者である執行役員直下の位置づけです。いわゆるプロフェッショナル職なので組織上の部下はいませんが、あらゆる部署から多種多様な相談を受けるのが仕事。『アイドルマスター』を始めとした複数のコンテンツを総合的に見る、アドバイザー的な役割を担っています。

エキスパートになる前はGMとして、約40人の部下を見ていました。

初めて就いた役職は主任で、その後は係長、マネージャー、ディビジョンマネージャーなど、様々なポジションを経験。

その一方で、現場ではプロデューサーという職種を長く担当してきた。現在に至るまでほぼずっと「プレイヤー兼マネジメント」という立場で仕事をしています。

縦は縦、横は横と割り切る

「プレイヤーとマネジメントの両立って大変じゃないですか？」

このように聞かれることがありますが、まぁ大変ではあるけれど、それが与えられた仕事だからね、と思っています。

僕は「縦は縦、横は横」と割り切って考えることにしています。

縦というのは係長、課長、部長といった、いわゆる会社組織のこと。横というのは、弊社の場合で言えば各プロジェクトのことです。

「プロデューサー兼マネージャー」である場合を例にご説明しましょう。

まずプロデューサーという職種はややこしいのですが、プロジェクトのリーダーなので、部署を横断してプロジェクトに関わる専門的な人材を束ねる。プロジェクトを成功に導くために進行管理はしますが、それぞれの関係性はフラットです。

一方、マネージャーはその部署の中だけを管理する。よって、その中には上司と部下、という上下関係が存在します。

縦としてのマネージャーと、横としてのプロデューサー。2つの軸があるわけですが、ある程度年齢を重ねた会社員としては、この2つを両立させるのが当たり前。プレイヤーとマネージャーは兼務するのが普通、という感覚です。

そもそもプロデューサーはマネジメントを求められる職種なので、やるべきことは基本的に変わらないんですよね。

プロデューサーにしても、マネジメント職にしても、人やスケジュール、お金の管理をする、という意味では同じ。そこも苦労を感じないポイントかもしれません。

それに、会社の組織というのは会社の戦略に応じて変化するものなので、会社員は合わせるしかない。組織に合わせて臨機応変に動く、というのがサラリーマンプロデューサーである僕の基本スタンスです。

社員のために縦の組織は必要

こう書くと、会社に言われたから仕方なくマネジメントも担当しているように見えるかもしれませんが、会社である以上、縦割りの組織は必要だと思っています。

なぜなら、縦組織がないと各個人の正当な評価をする人や、キャリアプランを考える人がいなくなってしまうからです。

例えば、プロデューサーは、プロジェクト全員の仕事を見ているんだから評価もすべきだろう、という考え方があります。

プロデューサーがプロジェクトに関わるプログラマーやビジュアル、ゲームデザイナー、サウンドなどすべての人を査定する。となると、ここで問題になるのが、専門能力の査定はできないこと。この場合、「自分にとって使い勝手の良い人」を過剰に評価するプロデューサーが現れがちになります。

実際の能力は低くても、プロデューサーに忖度(そんたく)する人は出世できるとなったら、これは公正な評価とは言えないし、他の人は不満に思う。健全な組織とは言えなくなってしまいます。

また、プロジェクトは終わりがあるもの。基本的にはコンテンツが完成したら解散するので、その後のビジョンや未来について、組織として考えることはありません。すると何が起こるか？　例えば、レースゲームに登場するガードレールと看板のCGデザインを作らせたら社内一、という人がいたとします。クオリティが高いものを早く作ってくれるとなれば、みんなが依頼しますよね。

でも、それが10年以上続いたとしたら？　その人はガードレールと看板しか作れない人になってしまいます。

そのタイトルがなくなったら仕事自体がなくなってしまうし、10年ぶりに新たな技術を習得するとなると、これは大変ですよね。ゲーム制作の現場を離れ、別の部署に行くことになってしまうかもしれません。

会社の利益だけを考えれば、横軸である各プロジェクトがうまくいっていれば問題ないとも思えますが、一方でメンバーのキャリア形成に支障が出たり、専門性が大きく偏ってしまったり、といった弊害も実際にはある。

ある意味では「社員たちの人生を預かっている」とも言える会社には、やはり縦の組織が必要だろうと思います。

縦軸で正当に評価して、キャリアプランや専門性を考えてくれる上司がいてこそ、社員は力を発揮できるのです。

プレイヤーとマネジメントのバランス

プロジェクトの規模にもよりますが、多いと100名以上のメンバーを抱えることもあるプロデューサーは、どうしてもプレイヤー仕事を優先しがち。

弊社の社員の間でも度々、プレイヤーとマネジメント業務のバランスの取り方が課

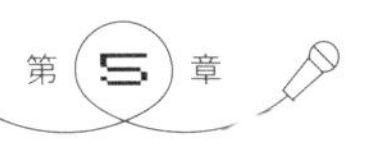

題になります。

僕の結論は、会社員として生きていくなら、バランス良くやるしかない！

会社としてはやはり、現場のことだけでなく、組織のこと、経営のことまでちゃんと考えてくれる人が欲しい。経営者視点を持てる人が出世していくのは当然です。なので、年齢に応じてそれなりのポジションを目指していきたいのなら、会社に求められる役割もきちんとこなすべきだと考えています。

もし、会社がプロフェッショナル職のような「専門職」を用意してくれているのであれば、そちらを目指すのもいいでしょう（弊社でも今はどの部署でもプロフェッショナル職を選択することができるようになりました）。

自分の将来や、やりたいことを総合的に考えた上でキャリアを選択する。そのために必要とされる役割があるのであれば、それも仕事として受け入れる。

これが組織人としての生き方ではないかな、と思っています。

大きな仕事には
マネジメントが必要

自分はプレイヤーでいたいのに、会社からはマネジメントを求められて悩んでいる。皆さんの中には、こんな方もいらっしゃるかもしれません。中にはマネジメントを担当するのが嫌で会社を辞めてしまう人もいる、と聞きます。

プレイヤーの方が楽しいのは確か

プレイヤーでいたい気持ちも、まぁ分かります。プレイヤーの方が絶対に楽しいですからね。

僕も現場でビジュアルを担当していた頃は、朝出社したらトイレに行く以外はずっと自席で作業に没頭し、気づいたら終電、という毎日を送っていました。この頃は今と比べものにならないくらい一日が充実していたな、と思います。

自分が一生懸命に作っているCGがだんだんできあがっていく。完成までの過程が自分で分かるので、すごく充実感があるんですよね。

プロデューサーになると、人の作業を待ったり、誰かに謝ったりが基本の仕事になるのでこうした充実感とは無縁になってしまう。現場を離れる時は未練もありましたし、戻りたいなと思ったこともありました。

しかしながら、今の僕自身は、会社員として大きな仕事をしたいなら、絶対にマネジメントも経験すべきだと考えています。

自分の目的に合わせて道を選べばいい

おそらく、プレイヤーでいたいと思う人は、クリエイティブな作業や現場で動くことが好きな人でしょう。

それ自体は良いことだし、僕自身もそうでした。でも、「会社で商品を作る」という観点で考えてみると、組織をマネジメントしないと作りたいものが商品として完成しないよね、と思うんです。

例えば、アイドルが登場するゲームのキャラクター制作をやりたい、と思ったとしましょう。

まずは設定を作成し、キャラクターデザインをしていきます。しかし、それだけではゲームにはならない。ゲームとして完成させるには、そのデザインを元に2Dイラスト、3Dモデリング、モーション、それを動かすプログラミングなどなど、やらなければいけないことが山ほどあります。

当然、一人で担当できる量ではないため、個々のパートにクリエイターを集めて進めていくことになります。

キャラクターを作りたいと思っただけなのに、結果としてスケジュール管理や関係各所との調整を行うマネジメントをすることになるのです。

……ということが前提にあった時に考えるべきは、自分が一番実現したいのはどの部分か？ということです。

僕の目的は「面白いゲームを作って世に送り出す」ことでした。ゲームを作るだけでなく、多くの人に届ける、というところまでやりたかったので、それを実現するためにはビジュアルを離れてプロデューサーになるしかない、と思いました。

これはどちらが良い、悪いという話ではありません。

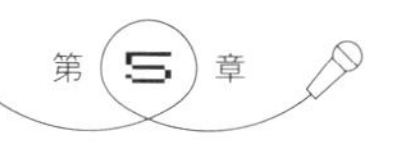

一部分の仕事が好きで、そこだけをずっとやっていきたいと思う人がいるのも当然。そういう人はクリエイターとしての能力を極めた方が良いでしょう。

ただ、会社員である以上は「自分が作りたいもの」よりも「売れるもの」を作らなければならない、という使命があり、それを組織として実現するためにはマネジメントも避けて通れない（腕の立つクリエイターならなおさら、マネジメントも求められるでしょう）。

だから、クリエイター志向が強い人は、フリーランスになった方が目標としては正しいのかなと思います。会社員である必要がないし、独立すれば、やりたくない仕事もやらずに済みますからね。

手段にはこだわらず、自分がやりたいことや目的を一番に考え、それを実現できる場所を選択すればいいのです。

組織視点を持つ

僕がマネジメントをやって良かったと思うのは、広い視野で物事を見られるようになったことです。

先ほども書いた通り、会社の組織は縦と横で交差しているわけですが、その中でプロジェクトチームが置かれた状況を俯瞰しながらよく把握できるようになった。同時に、会社の考えに沿った動き方も分かるようになりました。

例えば、縦でこういう組織を作れば横で足りない部分を補える、という視点での組織構築ができたり、プロジェクトでこういう人材が必要となったら、採用部門に依頼を持っていくことができたり。

組織を理解することで、ゲーム作りにおいても本当にやりたかったことが実現しやすくなりました。

組織を知らないと問題も解決できない

逆に言うと、組織的な視点を持てないと、問題があっても解決に動くことができません。

例えば、「会社がプロモーションにお金を出してくれないから売れないんだ！」みたいな愚痴を言っている人。よく「会社は何もしてくれない」と言う人がいますが、その「会社」って具体的に誰のこと？　社長？と思うんですよね(笑)。

まぁ、愚痴を聞くくらいはいいんですけど、こんなツッコミは入れます。

なんでプロモーションを打てないのか、理由は考えないの？　プロモーションの権限を持ってる人って誰か分かってる？　その人が納得できる材料を揃えてもう一回、交渉してみたらいいんじゃないの？

解決に向けて動くこともできるはずなのに、「会社のせい」で終わってしまう。あるいは、「上司がこう言ったからできない」と簡単に結論づけてしまう。

そうして会社や他人のせいにしているうちは、物事が進められません。自分の成長もそこで止まってしまう。「主人公思考」とは真逆の考え方です。

すべてを自分の責任と捉える必要はないけれど、組織の中でどう振る舞えば物事が動くきっかけを摑めるか、と考えるのは大事なこと。

僕自身はマネジメントする立場になってから、こうしたことが分かるようになりました。

最初からできなくてもいい

マネジメントに苦手意識がある人も多いと思いますが、いきなり立派なマネージャーにならなきゃ、部下を管理しなきゃと気負う必要はありません。

最初はパートリーダーの役割をきちんと果たすことを考え、次はもう少し大きなチームのリーダーを務め、といったように、今の仕事の延長線上にあるマネジメントを考えればいい。

そして、会社の考え方を理解しながら、それに合わせた方法を考え、徐々に自分のやりたいことを実現していけばいい。

マネージャーとしても「主人公思考」を持ち、一歩一歩、ステップアップしていけばいいのです。

適材適所のチーム組織

マネージャーに求められる仕事というのはたくさんありますが、大きな役割としては、時間、お金、人を管理することです。

中でも中心となるのは「人」の管理。よって、「チーム組織」はマネージャーの重要な仕事になります。

適材適所で人を活かす方法を考える

弊社の場合、「どの部署でも経営者視点を持って働けるゼネラリストを育てたい」という会社の方針があるため、数年に一度部署を異動するというルールがあります。

なので、マネージャーがメンバーを一人一人選ぶのではなく、集まったチームでやる、という形が基本。人の活かし方を考えるのがメインになります。

誰にどんな役割を担ってもらえば、組織としての目標を達成できるか？

チームを組織する時は、このように考えます（一般的に、会社では「戦略→組織→人」という順番で物事を考えますが、僕のチーム組織の考え方も同じです）。

例えば、3年後に海外マーケットでの売上を倍にすることが組織の目標だとしたら、アジア圏での展開を強化しよう、そのためには海外人材をプロデューサーとしてこのポジションに配置しよう、と考えていく感じです。

僕の場合は、まずマネージャー、次にその下のアシスタントマネージャー、というように上から決めることが多いのですが、ここで意識するのは「適材適所」。リーダーシップがあるかどうか、経験はどのくらいか、業務内容の理解度はどのくらいか。まずは、こうしたポイントを見ながら配置を考え、それからバランスを取る。この人はコンテンツ制作は得意だけど、事務的な部分が弱いから、事務が得意な人をサポートにつけよう、といった具合に。

一人一人の専門性や得意分野、適性を見ながら、それぞれが力を発揮しやすいような人事を考えていきます（ちなみに、プロデューサーとして外部のプロダクションやフリーランスに依頼する時は、目指すコンテンツに近い実績があるかどうか、がポイントになります）。

モチベーションやメンタル面の管理も仕事

ただ、大きな組織ではみんながみんな、希望の部署に行けるわけではありません。
また、「適材適所」を考えて組織しても、やはり人によって合う、合わないはある。
よって、チームが動き出してからも、一人一人の仕事ぶりを注意して見るようにしています。

例えば、開発ではディレクターを務めていたような、経験も知識も豊富な人がプロダクションに来て、慣れない謝り仕事ばかりしていると、見ていて心配になる。そんな時は「無理してるんじゃない？　大丈夫？」と声をかけて、相談に乗ったりします。

各メンバーとコミュニケーションを取りながら、モチベーションやメンタル面の管理をすることも、マネージャーの仕事の1つではないかと思っています。

「任せる」ことで人は育つ

プレイヤー兼マネージャーには、毎日やることが山のようにあります。これをすべて全力でやっていると、いつか自分が潰れてしまう。また、自分が本当にやるべき仕事に注力できなくなってしまう、ということも起きます。

こうした事態を避けるには、どうすればいいでしょうか？

ゲームのほぼすべての工程に関わり、パンク

「なんともならない」

初めてそう思ったのは33歳くらいの時。それまではプレイヤー兼任でもなんとかなると思っていましたが、『デス・バイ・ディグリーズ 鉄拳：ニーナ・ウイリアムズ』というアクションアドベンチャーゲームを担当していた当時は、社内にノウハウがなく、0からのスタートでした。

よって、プロデューサーである僕がゲームの企画だけでなく、開発の工程まで深く関わることに。スタッフの採用や人事評価といったマネジメント業務もある中、各パートの打ち合わせにもほぼすべて参加していました。

そんな中、思わぬ展開に。「シナリオライターさんが忙しいらしく、抜けることになりました。坂上さん、シナリオも書いてくださいと」といきなり言われたのです。「おお⁉」となりながらも、「なんとかなる！」と書くことになりました。

ところが、シナリオを担当すると、ゲームの仕様を細かく把握しなきゃいけなくなり、さらには元々ビジュアル担当だったので「デモの絵コンテも切ってほしい」と言われ、それもやることになり……。

それでも「まぁ、なんとかなる」と思っていたのですが、一方で、嘱託、派遣社員の更新手続きや、メンタルに不調を抱えた社員のケアといったマネジメント業務もこなさなければならず……。

毎日、朝早くから深夜まで、息つく間もなく働き続けても終わらない。自分では頑張っているつもりでも、まったくなんともならず、完全にパンクしていました。

自分が関わった分だけ多くの細かい確認作業が発生したことも原因でした。

僕の確認待ちでメンバーが作業に着手できない状態が続き、開発はなんと1年以上も遅れてしまった。この経験を経て、ただ「なんとかなる」ではダメだと思いました。

何よりも一番は、自分がプロデューサーとしての役目を果たせていないことを実感したことです。

プロデューサーは単にゲームを完成すればいいわけではなく、商品の質を守るために周囲を説得し、踏ん張らなければいけない。その上で、ゲームを売っていく段階でさらに力を注がなきゃいけないのに、その頃にはもう余力が残っていなかった。本当にやるべきところが疎かになり、「本気でやり方を変えなければ」と痛感しました。

覚悟を決めてリーダーに任せる

そこで僕がやったのが「放任」。誤解のないように補足すると、自分がすべてに関わるのをやめて人に任せた、ということです。

僕が全部やってしまうと、僕がいないと回らないチームになってしまう。第4章で上司に指示を仰ぐ前に自分で「選択」しようという話をしましたが、これができない人たちを僕自身が作ってしまっていたんですね。

そこで、自分が引く覚悟を決め、打ち合わせにも一切出ないようにした。

そのかわり、各パートのリーダー一人だけに話を聞くようにしました。

打ち合わせではどんな意見が出て、どう話がまとまったのか。なぜ、その結論なのか。今の進捗はどうなっているのか。「俺が知らないのは、あなたがきちんと報告しなかったから」くらいの勢いで、毎回、細かく掘り下げて聞いた。

すると、徐々に考えや意見がまとまった状態で報告が上がってくるようになりました。

情報源を一人に絞り、任せたことで、彼らにリーダーとしての自覚が芽生えたのでしょう。結果として、部下が「主人公思考」を持ってくれるようになったのだと考えています。

教えることはできるけど、育つのは自分

ここまで偉そうに語っておきながらこんなことを言うのもあれですが、僕の部下や後輩で、「坂上に育てられた」と思っている人はいないと思います。

というより、優秀な彼らを僕が「育てた」なんて、そんなおこがましいことは言えません。

社会人になったら、育つのは「自分」

僕が考える「育てる」とは、ものすごくホスピタリティ高く、時間をかけてじっくりと、その人を見てあげること。

たとえるなら、親が子供を生まれた時から世話し、子供の幸せを想いながら「あの大学に行きたいなら、この塾に行こう」「その夢を叶えたいなら、この会社を目指し

てみたら？」と、ずっとそばで人生を導くようなな。「子育て」がイメージに近いかもしれません。

やや極論かもしれないけれど、自分がいないと相手が生きていけない、くらいのレベルで向き合い、引き上げることが「育てる」だと思っているので、僕にそんなことはできないわけです。

そもそも、社会に出た後は、誰かに育ててもらうのではない。育つのは「自分」の役割です。

会社組織の中で、上司が一人に付きっきりになって、仕事のやり方からキャリアプランの構築、メンタル管理、ワークライフバランスまで、すべてにおいて面倒を見る、というのは不可能。部下だって、そんなことは望んでいないでしょう。

育ちたい人に「教える」ことはできる

では、上司や先輩は何をすべきか？

それは「教える」こと。育ちたい、学びたいと思っている人に対して、自分がこれまでやってきたこと、経験から培ってきた考え方を教えることはできます。

とは言え、いくらこちらが熱心に教えたところで、本人に「育ちたい」という意欲がなければ成長は難しい。

よって、自分のやり方や考え方を押し付けることはしません。あくまで聞かれたら教える、というスタンスです。

その教えをどう受け取るかは本人次第。方法は1つではないし、他の人のやり方の方が自分に合っていると思ったら、それでいい。

要は、教えられたことをどう解釈し、自分の行動に落とし込むか。「育つ」かどうかは、その後の本人にかかっています。

僕自身、何十年と仕事をしてきたけれど、「この人に育てられた」と思ったことはないんですよね。ただ、「教えてもらったこと」はいっぱいある。

前職を含め、多くの先輩や上司、一緒に仕事をした人たちから様々なことを教えてもらい、それをきちんと受け取り、自分で考えながら行動を選択してきた。その結果、自分なりに育ったという感覚です。

素直な人を選んで教える

自分で成長のきっかけを摑めるのはどんな人か？

一言で言うと、「素直な人」です。教えや学びをそのまま受け取って、実践までできる人は確実に伸びる。経験上、そう感じます。

よって、教える時は素直な人を選んで話すようにしています。

結果が出せる人と出せない人の違い

セミナーや勉強会ではよく、「学んだ後、実際に行動できるのは1割」と言われたりしますが、同じことを学んでも、なぜか結果が出せる人と出せない人がいます。

その違いは、学んだことを素直に受け取れるかどうか。

おそらく、結果が出ない人は慎重に考えすぎる人なのではないかと思います。

聞いたことを実践する前に、それを安直に受け入れてよいのかとためらい、自分の中で仮説を立てて検証を始めてしまう。難しい言葉を使ってこねくりまわしていくうちに本質からは外れていき、どんどん各論に落ちていく。そんな印象があります。

慎重なのはいいのですが、これだと行動に移すまでのスピードも遅くなってしまうし、結局、何もできないこともある。

こういう人にいくら丁寧に教え続けても、その人はちゃんと受け取れないことが分かっているので、必要以上に教えることはしません。

そして、大半の人はこのような検証から入る考え方をしているので、結果的に素直な人だけを数人選んで教える、ということになるのです。

素直に受け取ったから大ヒットコンテンツを作れた

素直に受け取ると成長できる。これは僕自身が体感してきたことでもあります。

第3章で、ゲームのコンセプトを考える時は「ｄｏニーズ」にフォーカスする、というお話をしました。これは先述した通り、僕のオリジナルの考え方ではなく、会社の研修で学んだマーケティング理論が基になっています。

この話を聞いた瞬間「なるほど、そりゃそうや！」と思った僕は、すぐにその方法

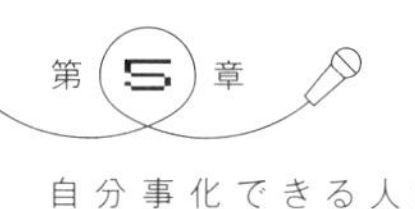

論を自分の仕事に落とし込んだ。実践する前に自分であれこれ考えるのではなく、まずはそのまま取り入れました。

『アイドルマスター』が誕生から16年を経てなお支持されるコンテンツになったのは、学んだ理論をベースにコンセプトを整理し、構築をしっかり行ったから。教えてもらったことを素直に受け取り、実践したからだと思っています。

僕自身も以前はできていなかったのですが、素直に受け取るって割と難度が高いことではありますよね。それまで自分が長年続けてきたやり方を否定されるような教えに出会った時なんかは特に、受け入れがたいものがあると思います。

ただ、素直に受け取った方が成長できることは間違いない。

だから、あまり考えすぎず、まずは教わった通りにやってみることが大事なんじゃないかなと思っています。教わる相手を間違えると大変なことになるので、その人の言うことに正当性があるかどうかは見極める必要がありますが。

人を動かすには まず自分が「共感」する

素直に受け取って実践できる人が伸びるというお話をしましたが、言い方を変えると、成長する人は教わったことを「自分事化」して行動できる人、ということです。

では、どうしたら部下に「自分事化」してもらえるのか？

人に伝える段階でもやはり、ポイントは「共感」にあると思っています。

「主人公思考」を伝えるプロセス

第4章でご紹介した、プレイヤーが「主人公思考」を手に入れるプロセスは「①理解する」「②共感する」でした。

では、マネージャー視点で「主人公思考」を伝える時はどんなプロセスになるかというと、次のように考えています。

「主人公思考」を伝えるプロセス

①自分が「共感」する
②相手に「理解」してもらう
③相手に「共感」してもらう

①自分が「共感」する

人を動かす時に一番大事なのは「共感力」。こちらの仕事に対して部下に共感してもらうためには、まず自分がその人に共感することが必要だと思っています。

例えば、ものすごく忙しい時に上司から仕事を頼まれると、困りますよね。「今すぐには対応できないです」と伝えても「いいからやれ！」と言われたら、腹が立つ。

あるいは、何か提案しても上司が聞く耳を持たず、ただ与えられた仕事をこなせばいいと言われたら、もういいや、と自分で考えることをやめたくなります。

そう、上司が部下に寄り添うことなく一方的に命令を続けているうちは、部下が仕事を「自分事化」することはできないのです。

では、上司はどうすればいいかというと、部下の話を聞くことです。

今の状況を聞いて、そこにまず共感し、話の中で「自分事化」するためのきっかけを与えてあげる。

刺さるポイントは人それぞれなので、その人に合わせた話し方をします。

「お前、本当に頑張ってるよ」と認めてあげた後で「悪いんだけど、これもお願いできるかな？　他にできる人がいなくて」とお願いした方が頑張ろうと思う人もいるし、「ここに引っかかってるなら、こうしてみたら？」とアドバイスをすることで行き詰まっていた仕事の壁を突破できる人もいる。

一人一人をきちんと見ながら、共感してあげることが「主人公思考」を伝える第一歩になります。

②相手に「理解」してもらう

次に、部下に理解してもらう。これは理屈で分かってもらう、ということです。

上司はただ命令や指示をするだけではなく、何のためにその作業をやってもらう必要があるのか、部下が理解できるようにきちんと説明しなければならない。つまり、仕事の「目的」を共有する、ということです。

目的が分かれば、部下も自分が今やらなきゃいけない仕事はこれだ、と頭で理解することができる。そうすれば、事細かに指示されなくても自分で考えて動くことができるようになります。

③相手に「共感」してもらう

最後は、部下に共感してもらう。上司が何も言わなくても、部下自身が今後の事業展開の戦略を考え、上司と同じタイミングで動けるようになる、ということです。

これができる人が「主人公思考」を持った一流のプレイヤー、ということになるのですが、ここまでいくのが難しい。

第4章でも書いた通り、ほとんどの人は「理解して動く」という段階に留まっている。理解が得意な人は理解ベースで共感までいくこともありますが、本当の意味で「共感」のフェーズに達せるのは1割くらいでしょうか。

僕が部下に対して「共感」までいっていると感じるのは、こちらがほぼ何もしなくてもプロジェクトが進む時です。

例えば、『アイドルマスター シャイニーカラーズ』のプロデューサーを務めている高山祐介。彼がこの企画を初めて持ってきた時には、すでにコンセプトがかなりまとまっていました。

僕はコンセプトシートを作る段階で数回打ち合わせをしただけで、本編の制作に入ってからはほとんどタッチする必要がありませんでした(これは非常に珍しいこと)。

おそらく、彼は元々『アイドルマスター』が好きだったので、最初からコンテンツに対する共感度合いが高い状態で企画に入ることができたからでしょう。元から「共感」を持っていると成長が速いのは間違いありません。

ただ、そのコンテンツのユーザーであれば必ず売れる商品の企画が作れるかというと、そうではないのが難しいところ。「好き」と「会社の戦略に沿ってその先の展開を考えられる」はまた別物なのです。

詰まるところ、「主人公思考」を持つとはつまり、経営者とほぼ同じ視点で動ける、ということになると思います。

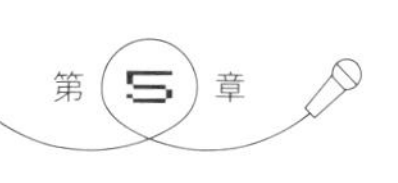

「自分事化」してもらうための質問術

では、部下に「共感」のフェーズまでいってもらうためには、上司は何をすればいいのか？

僕はまず1対1で話を聞き、質問を投げかけながら論点を上段に上げていく、ということをやっています。

「なんで？」と聞き続け「自分事化」してもらう

みんな「こんな時、どうすればいいですか？」とすぐに具体的な答えや指示を欲しがりますが、簡単には教えません(笑)。

それは僕の答えであって、その人の答えではない。自分で考えて判断を下すことなく、ただ教えられた通りに動くのでは意味がないし、後で誰かに突っ込まれた時に自分の言葉で説明できなくなってしまうからです。

まずは自分の答えは何なのかを聞き、その上でこんな質問を繰り返します。

「それってどういうこと？」「それって何が目的なの？」「それって本当に必要？」

ひたすら「なんで？」「どうして？」と聞き続けることで、部下に考えさせる。

「自分事化」するきっかけを作り、仕事の目的や問題の本質といった原点の部分に、自分自身で気づいてもらうのです。

複雑なものをシンプルにする

本質となる部分を見つけるコツは「複雑なものをシンプルにすること」。

なのですが、みんな何事も複雑に考えすぎる傾向があります。

例えば、ゲームの企画を考える時にはこんなことが起こりがちです。

海外でも売れる「美少女ゲーム」の企画を作っているプロデューサーがいたとしましょう。

海外で人気のジャンルを取り入れれば良いのでは？と考え、「レースゲーム」と組み合わせて、美少女たちがカーレースをするゲームになった。

じゃあ、プレイヤーは美少女チームの監督という設定にして、優勝を目指すことにしよう。それなら、似たゲームを作ってきた自分たちのノウハウも活かせそう！

このような形で企画がまとまったとしましょう。

一見、自分たちの都合は満たしている企画ですが、そもそもレースゲームをプレイするユーザーが監督をやりたいのか？という疑問が湧きます。

こうなってしまうのは、「海外で売れる×美少女ゲーム」という「結果×手段」で考えているため。始まりがどうであれ、「レースゲーム」にすると決めた以上は、シンプルにレースゲームとしての面白さを考えないと商品として成立しません。

その本質に気づかずに自分たちの都合を優先すると、色々な辻褄を合わせるためにどんどん複雑化し、迷走することになります。そうして頓挫するプロジェクトを、僕はたくさん見てきました。

大事なのは「そもそも何が目的だっけ？」と原点に立ち戻って、ユーザー視点で考えること。手段や結果から入って複雑化してしまった時は、「本質」を見直してみることです。

僕は部下が本質をシンプルに考えられるよう、質問を投げかけることにしています。

原点に立ち返らせて、肯定する

部下に「自分事化」してもらうためのコミュニケーション術と言えば、もう一つポイントがあります。それは「簡単な質問」をすること。

答えるのに数日かかるような難しいことではなく、瞬時に言葉を紡げるレベルの質問をする。それを繰り返しながら、部下が「自分事化」できるところまで掘り下げていくのです。

簡単に答えられる質問をする

とあるゲームの制作中、キャラクター案を詰めていく中でこんな議論が繰り広げられていました。

「キャラクターの声はこの声優さんにお願いしたいです」「いや、こっちの人が良いです」とか、「キャラクターデザインはこの人じゃないと」「いやいや、あの作品を担当したこの人の方がイメージに合います」など。

メンバーそれぞれが自分の意見を持っているのはいいのですが、全員が「○○じゃないとダメ！」とこだわりが強かったので、なかなか意見がまとまりませんでした。

そこで「みんなさあ、ちっちゃい頃、どんなアニメが好きだった？」と聞いてみた。

「えっ、なんで急に？」とみんなが僕を不審な目で見ているのが分かりましたが、一人また一人と、自分が好きだった作品を挙げてくれた。

それから、「じゃあ、小学生の頃、好きだった男の子はいた？　なんで好きだったの？」と質問すると、「野球がうまかったから」「委員長だったから」「面白かったから」とそれぞれの答えが出てきた。

「それってさ、そういう要素がある男の子たちがみんなから人気があったってことじゃない？」と言うと、みんながハッと気づいたようになった。「つまり、みんな人気がある男の子が好き、ということ。それはそうだよね。みんな本能的に惹かれたんだよね」と肯定し、続けて「じゃあ、クラスで人気があった漫画の男の子キャラって誰だった？」と聞いた。

こうした細かい質問を繰り返すうちに、みんなが人気キャラクターに共通する要素について考え始め、目指すべきゲームの方向性やキャラクター像が決まっていった。

その後は「○○じゃなきゃダメ！」という議論になることはなく、すんなりと意見がまとまっていきました。

議論を上段に上げ、みんなの共感ポイントを肯定する

みんなが各論で話している時は、誰の意見も否定せずに、まずは簡単な質問で議論を上段に上げる。そして、みんなが共感できるポイントまで持っていき、そこに対して「そうだよね」と共感する。

上司が原点に立ち返らせて、肯定してあげることで、部下は目的を理解した上で自分の選択ができるようになります。

自分が共感すると、相手が目的を理解する。さらに、その目的に共感した上で答えを選択できる。

まさに、先ほどご紹介した「主人公思考」の伝え方と同じステップです。

「自分事化」できる一流の人材を育てるには、こうした会話の工夫も有効ではないでしょうか。

NOと言える雰囲気を作る

部下というのは、こちらが思っている以上に上司に対して自分の意見を言うことに躊躇するもの。

特に、反対意見や、組織の流れを大きく変えるような意見を言う時は、なかなか勇気が必要だろうと思います。

上司としてはその気持ちを汲み取り、部下たちが発言しやすい雰囲気を作ってあげることも大事だと考えています。

プロジェクトを止めるのは勇気がいる

第3章の冒頭で、ゲーム作りの工程についてご紹介しました。

コンセプトが決まったら、試作品「α版」を作って実装可能かどうかの検証を行う、とお伝えしましたが、つまり、実装できないこともある、ということ。

開発者は時に、プロジェクトチームが一丸となって進めてきた企画に対して「できない」と言わざるを得ないことがあります。

コンセプトが良くて、みんなの期待感が高まっている。そして、開発には時間がかかるため、お金もすでにかなりかかっている。そんな時に、自分がストップをかけなければいけないというのは、非常に気が引けますよね。

何気ない会話で部下が本音を話せるようにする

もちろん、様々な状況を考慮した上で最終的な判断はGMが行いますし、一人が声を上げたからといって、いきなり中止になることはありません（数年後には技術が進歩したり、安価で実現できるようになったりすることもあるため、まずは凍結という形になることが多い）。

ただ、ミーティングで進捗状況を確認していれば、このままやっていても危ないな、というアラート（注意信号）は見える。

ベテランであればそうしたことを他の作品でも経験してきているので、危険水準は感覚で分かるのですが、経験が浅い開発者の場合は、つまずいていても自分でどうに

かしようと頑張る。自分からプロジェクト全体にNOを提案するのは難しいだろうと思います。

よって、できる限り一人一人の仕事ぶりを見ながら、事前にフォローすることを心がけています。

と言っても大げさなことをするわけではなく、「今、どんな感じ？　うまくいかないとこはない？」と雑談のような雰囲気で話しかけるだけです。

上司にとっては何気ない一言をかけるだけでも、部下は本音をぽろっと話しやすくなるのではないかと思います。

マネージャーは「雑談力」を磨くべし

部下やプロジェクトメンバーには自由に自分の意見を述べてほしいので、ミーティングや普段の会話でも、気負わずに話しやすい雰囲気を作ることを意識しています。

また、先ほど「主人公思考」を伝えるプロセスについてお伝えしましたが、こちらの考えを伝えて理解してもらったり、相互に共感したり、というのはすべて会話を通して行われること。人を育てる上で、コミュニケーションは欠かせません。

マネージャーにとって「コミュニケーション能力」は必須スキル。

発する言葉や話し方を磨かなければ、人がついてくるリーダーにはなれません。

上司自ら雑談しやすい雰囲気を作る

コミュニケーションというのは、面談や全体会議のようなかしこまった場よりも、日常会話の中での方がはるかに取りやすい。よって、僕はいかに雑談するか、ということを意識しています。

偉い立場になると執務室が別に与えられたり、メンバーと席が遠く離れることもありますが、姿が見えないと部下は話しかけにくい。

なので、管理職は自席に留まり続けるのではなく、社内をウロウロすることも割と大事なのではないかと思っています(笑)。

「今ってどんな音楽が流行ってるの?」「最近、ハマったゲームとかある?」

僕はよく開発チームをふらっと訪れ、若手社員の横に座ってはこんなことを聞いていました。相手が緊張しないように、口調やノリを合わせてフランクに話しかけると、みんな色んなことを教えてくれます。

本当に他愛のない世間話ですが、若い人の感覚を知ることができる貴重な機会。ここから思いがけないアイデアが生まれることもありました。

また、無理をしていないかどうか、メンタル面はどうか、ということを知る上でも雑談は大事。なかなか悩みを上司に打ち明けるのは難しいと思うのですが、普段から気軽にコミュニケーションを取れる関係性があれば、話せることもあるのではないかと思っています。

上司と部下にかかわらず、メンバー間でも普段から積極的にコミュニケーションを取っていると、仕事が進めやすいのは言うまでもありません。

よって、どんどん雑談をしてほしいと思っているのですが、みんなが作業に集中しているシーンとしたオフィスだと、なかなか話しにくいですよね。仕事に関係ない話をしていると、周りからサボっていると思われそうです。

そこで、上司は自ら雑談をしに行き、みんなが雑談しやすい場作りをしてあげると良いのではないでしょうか。

上の人が帰らないとみんな帰れないから社員の残業が減らない、ということがあるように、何かを推奨したい時は上司が率先してやることが大事なんですね。

部署の雰囲気的に業務時間中の雑談が難しいようであれば、定期的にランチミーティングをするなど、雑談目的の時間を設けるのも良いでしょう。

部下からも話しかけてほしい

また、部下側の人も、上司に積極的に話しかけてあげてほしいなと思います。

僕の後輩が「GMになった途端、誰も話しかけてくれないし、飲みにも誘ってくれ

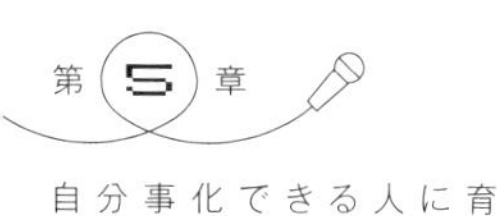

なくなった」と言ってきたことがありましたが、上司って本当に孤独なんです。僕自身も、もっとみんな気軽に話しかけてきてほしいなと思っています。

何もなく話しかけに行くのが難しいようであれば、お土産やちょっとしたお菓子を差し入れるついでに話すのも良いですね。

最近は上司からランチや飲みに誘うのも難しい時代になったので、部下から誘ってもらえると喜ぶ人も多いでしょう。部下にとっては、普段は見られない上司の意外な一面を知る良い機会になるかもしれません。

そして、上司側の人は部下に「話したい」と思ってもらえるように、雑談のネタを持っておくことが大事。

実は、海外の人と会議をする時にも雑談力が求められたりします。欧米の人は特に、日本人よりも雑談的なコミュニケーションを重視する傾向があるからです。

ニュースはもちろん、歴史や映画、音楽などあらゆる分野に触れておくと、話題が豊富な魅力的なリーダーになれる。その意味でも、何か1つのことを追いかけ続ける習慣を持っておくのはおすすめです。

リモート時代のコミュニケーション

雑談の重要性についてお伝えしましたが、リモートワークが主流になった今は、仕事と直接関係のない話をするのが難しくなりましたよね。僕自身も以前に比べて雑談をする機会がずいぶん減ったなと感じます。

また、わざわざ時間を取ってもらうほどではないけれど、ちょっと話しておきたい、というような仕事の話もしにくい。

社内で偶然会って話したり、飲みの席で外部のメンバーとコンテンツのコンセプトについて深く話したり、という場がないことは、ある意味では弊害とも言えます。

中間管理職に求められる役割が大きくなった

会議もリモートになってからは、みんな無意識に会議を短くしようとしがちな傾向

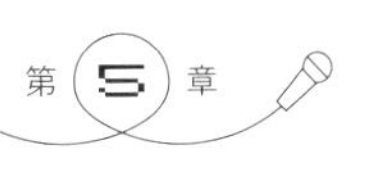

がある気がします。

本題以外には触れられないというか、アジェンダありきの堅い雰囲気があります。

その中で重要になったなと思うのは、各メンバーの本音や意見を吸い上げるポジションの役割。

弊社の場合は、マネージャーの１つ下のアシスタントマネージャー（以下、ＡＭ）がそれにあたります。

以前はマネージャーが直接ミーティングで全員の意見を聞いていくことが多かったのですが、リモート会議ではそれが難しくなった。音声が被ると聞き取りづらいので、一人一人が発言を控えるからでしょう。

よって、現場でプレイヤー色が強い働き方をしているＡＭに、よりマネジメント的な役割が求められるようになったと感じます。

そういう意味では、中間管理職はより成長が求められているし、その上の管理職は今まで以上に部下を一流のマネージャーに育てる必要性が出てきた、と言えるのではないでしょうか。

週1でいいから雑談できる場を作る

それから、難しくなったのはブレスト（ブレインストーミング）的な打ち合わせです。既存事業についてはすでに進んでいるものなのでまだ話しやすいですが、新しいものを作っていくアイデア出しの段階では、やはり対面で話さないとニュアンスが伝わりにくいと感じています。

また、アイデアというのはリラックスしている時にこそ浮かぶもの。アイデアの種が生まれるきっかけを潰さないためには、リモート会議であっても雑談ができる雰囲気を作る。こうしたポイントも、マネジメントが意識すべきことになった気がします。

僕個人としては、週1でもいいからリアルでミーティングをする機会を設けるのが良いのではないかと思っています。

出社率を下げることも大事だけれど、実際に顔を合わせて話さないと進まないこともある。また、ずっと自宅にばかりいると孤独を感じるメンバーもいるだろうし、上司としても部下が何を考えているのか分からなくなってしまう。

この状況だとどうしても、「主人公思考」を持った人材は生まれにくくなるし、育てることも難しくなってしまう。

よって、安全に実施できる対策を取った上で、集まる機会は作った方が良いと思っています。

そして、時にはきちんと時間を取って、思い切りみんなで雑談する。今の時代、マネジメント層としては、そうした仕組みや雰囲気を作っていくことも大事かもしれませんね。

これからの会社とリーダーの役割

僕が若手だった頃に比べて、会社を取り巻く環境は大きく変化していると感じます。あまり大きな声では言えませんが、ほんの数年前まで有給はほぼ使っていなかったし、休日や長期休暇の感覚もほとんどありませんでした。

僕が入社した頃はようやく三六(さぶろく)協定の話が出たくらいの時期で、日本全体の労働基準が今よりずっと緩かったんですね。

そこから週休2日制になったり、残業や泊まり作業ができなくなったりと、徐々にルールが変わっていきました。さらに、最近ではリモートワークが中心になったことに加え、週休3日制の動きまで出てきた。

どんどん会社で過ごす時間が短くなる中で、会社自体の役割も変化していくのではないかと思っています。

これからの時代の「会社」の役割

今までの会社の役割は、「同じ場所に社員全員が集まること」で果たせるものが大きかった。

例えば、人や情報セキュリティの管理などがそう。逆に言えば、今後はその管理面が課題になるでしょう。

では、みんなが同じ場所に集まらなくなっていく今後は、どうなるのか？

これからの会社には「ビジョン」や「メッセージ性」が求められていくのではないかと予想しています。

おそらく、社員は組織に管理されるというよりも、魅力のある場所に所属する、という意識が強くなる。よって、企業はどんな社会貢献ができるのか、自分たちの価値をしっかりアピールしていく必要があるのではないかと思います。

人を動かせる魅力を持つ

そして、これはそのまま経営者層、マネジメント層にも求められる役割になる気がしています。

魅力的なメッセージを、自分の言葉で、熱を持って伝えられる。そうしたリーダーじゃないと人がついてこないからです。

自分で書きながら恐ろしい時代になったなと思いますが、要はマネジメント層にもセルフブランディング的なことが必要になる。

例えば、組織を代表して話す時は洗練された言葉や表現を心がけるとか、ニュースキャスターのような真面目なトーンで話すのではなく、人柄が伝わるように意識するとか、そういうことです。

いずれは、僕のようなおじさんも、メイクをしないと人前に出られないようになるかもしれません(笑)。

僕自身もできているわけではありませんが、人を動かすリーダーになるためには、こうしたことも考えていかなくてはいけない時代なんだろうなと思っています。

後継者の育成に思うこと

本章では「主人公思考」を持った一流の人材を育てる方法についてお伝えしてきましたが、それは「後継者」あるいは「後任」を育てる、ということでもあります。

会社員である以上、いずれは引退する時が来る。その時に自分に代わって事業を引っ張ってくれるリーダーが育っていないと、組織は衰退していきます。

最後に、後継者育成について僕が思うことについても書いてみましょう。

事実を伝えて「実感」してもらう

後を継ぐ人には僕とまったく同じやり方をしてほしいわけではないし、第一それでは面白くない。あくまで、その人が自然体でやるのがいいだろうと思っています。

よって、後任にふさわしいと思う人物がいても、本人に伝えることはしません。

まぁ、僕がそう思ったところで、僕自身に後任の任命権があるわけではないんですけどね（笑）。

ただ、後継者として育ってくれたらいいなと思う人がいたら、今後必要になるであろうことを教えようとはします。受け取れるかどうかは本人次第ですが、上司としてできることは、今のうちにしておきたいと思うからです。


と言っても、僕にできるのは、本書で書いてきたような「本質」となる部分を伝えることだけ。

一番はユーザーのことを最優先に考え、ユーザー視点でコンテンツを作っていける人に後を継いでほしい。

そのために実践しているのが、まさにこの第5章で書いてきたことです。

まず理解してもらい、それから共感してもらう。もう一つ付け足すとすれば、「実感してもらう」ことも意識しています。

そのためには言葉で説明するだけではなく、一緒に仕事をすることも大事。実際に現場を見てもらって、その場で説明するのが一番伝わるからです。

例えば、イベントにも一緒に行って、ユーザーの反応を見てもらう。

「なんで今ここで盛り上がってるんですか？」と質問されたら、きちんと答える。「お客さんはこういうことを求めているから、このポイントで喜ぶんだよ」とユーザー視点でひたすら語り続けます。

すると、「あぁ、だからここが大事なんだ」「ここは守らないといけないですね」とみんな納得できる。

コンセプトシートにある「言葉」が、「実感」を持って伝わるのです。

その後は、自分の視点、自分の考えでやってくれたらいいと思っています。

小美野日出文（こみのひでふみ）（入社13年目）
『アイドルマスター』プロデューサー

Q1／坂上さんとの関わり

何度も何度も企画の壁打ち

僕は2019年にアイマスチームに合流し、『アイドルマスター』に関する基本的なことはほとんど坂上さんに教えてもらいました。最初の1年は席が斜め前だったこともあり、隙あらば話しかけていたのですが、僕は独り言が多いので「お前の場合、独り言なのか話しかけてるのか分かりにくいねん！」と度々言われていたのは良い思い出です（笑）。

それから、プロデューサーとして様々なコンセプトを作った時は、何度も何度も企画の壁打ちをしてもらいました。「分かるわ〜。みんな同じ迷路に入るねん。で、どこを大事にしたいの？」とダメ出しされながら。

坂上さんは答えそのものを示してくれる人ではないので、毎回本当に考えさせられます。

Q2／印象に残っている言葉

「お前がすごいんだよ」

たくさんありますが、忘れられないのは企画のコンセプトを言語化できた時のことです。僕が作品で大事にしたいポイントをまとめては坂上さんに見てもらっていたのですが、「それだと色んな意味で捉えられてしまうから、もう少し言葉を具体化した方が良いよ」と言われ、なかなかOKが出なかった。

絵もプログラムもシナリオも「かけない」僕には、言葉しか伝える手段がなかったので、何度も何度も考え直しました。言葉が独り歩きしてもいいように。

約2ヶ月後、ようやく良い言葉が浮かび、「坂上さんのおかげです！」とお礼を伝えたところ、こう言われました。

「これは自分の中で作ったものだから、お前がすごいよ。良い言葉だし、これを今後使っていくべきだと思うよ」

2年半くらいの付き合いで初めて褒められた。いやぁ、この時は素直に嬉しかったですね。うわー、気持ちいい！って。僕自身は自分で生み出したというよりも、坂上さんに気づかせてもらった感覚でしたが、その一言で自信につながりました。

ゲーム制作論と組織論の両方を持っている

良い意味で二面性があるところ、ですね。

僕がチームに合流した時、坂上さんには『アイドルマスター』の総合プロデューサーと、組織の部長という2つの顔があったんですけど、その時々で本当に別人なんじゃないかってくらいスイッチが切り替わるんです。

プロデューサーとしては、いつもお客様のことを考えている。ユーザー視点をつねに感じました。また、総合プロデューサーでありながらチームでは一番腰が低く、偉ぶることはまったくない。それだけでも特異な存在であると思います。

一方で、部長としては組織を第一に考え、予算やスケジュールなど、ビジネス的な部分をしっかりと管理している。当然、厳しい管理職としての一面もありますが、怒鳴る、叱るといったことはなく、何がどうダメなのかを説明してくれます。

僕は10年以上ゲーム業界にいて、他社も含め色んな有名プロデューサーを見てきましたが、こんな人には初めて出会いました。

僕が他社の人間だからというのもあると思いますが、多くの方は「役職者」というよりは、やっぱり独特のオーラをまとった「プロデューサー」としての側面を強く感じることが多かったんですよね。どちらが良い悪いというわけではありませんが、僕が目指すべきは坂上さんなのだと強く思いました（おこがましいですが）。

ゲーム制作論と組織論の両方を持っていて、しかも、それぞれの視点に立って語れるところは本当に尊敬の念しかないです。

Q4／主人公思考を実感したエピソード

とにかくお客様に寄り添う

チームに合流してまだ1ヶ月くらいの頃、徳島の「マチ★アソビ」というイベントに参加したことがありました。「ガミPのまったりミーティング」というミニオフ会のようなコーナーがあり、坂上さんは参加者数百人を前に「聞きたいことあったら何でもどうぞ〜」と呼びかけていました。

僕も一緒に登壇させていただいたのですが、衝撃を受けたのはそのレスポンスの速さ。台本なしの本番一発勝負なので、中には答え方に悩むものもあるのですが、坂上さんはどんな質問にもその場でバシバシ答えていました。

僕らが横で考えている間にも、「これは僕が答えましょう」と、坂上さんがすぐに代表して答えたのを見て、これが総合プロデューサーなんだな、と思いました。

しかも、話し方が絶妙で。「なるほど、それな〜」「これ、絶対ネットに上げないでね」と言いながら、答えられる範囲ギリギリまで返している姿は衝撃的でした。

会社なので当然言えないことだってありますが、みんなが聞きたいことや、どういう言い方をしたら安心してもらえるか、ということをいつも真剣に考えているんだと思います。

もちろん坂上さんだけではないですが、作品のトップがこれだけお客様のことを考え、寄り添って信頼関係を築いている。だからこそ、一人一人のスタッフも意識するようになり、結果として『アイドルマスター』は、皆さんに愛され続けるコンテンツになっていったのだと思います。

以前の僕も決してお客様を無視していたわけではないですが、基本的には自分が作りたいものを作って、それをお客様に問う、というモノ作りの仕方をしてきた。それが坂上さんと出会い、明確にスタイルが変わりました。

自分の想いがあることはとても大事ですが、それ以上に大事なのは、お客様がどう感じるか。「お客様のことを考えた上で、自分の想いを届ける」。それが僕の学んだ「主人公思考」です。

第6章

会社員プロデューサー

組織で働くメリット

プロデューサーだけど職業は「会社員」

世の中には数多のビジネス書がありますが、その著者の多くは経営者や起業家、個人事業主。僕のような一会社員が書いた本は少ないように思います。

そこで、最終章となる第6章では、ずっと会社員としてゲームを作ってきた僕が考える「組織で働くメリット」についてお伝えしたいと思います。

普通の給料で働いている

ここまで読んでみて、皆さんの中で「プロデューサー」という仕事に対するイメージは変わったでしょうか？

本書では何度も「会社員」という言葉を使ってきましたが、そう、僕はプロデューサーとして表に出ることはあるけれど、実際はただの会社員。

たまに「あれだけヒット出してるんだから、派手な生活してるんでしょ？」と言われることもありますが、いやいや。服なんかほとんどファストファッションですよ。毎年、白と黒のトップスを3枚ずつ買って大事に着回しています。あ、ズボンだけはちょっと高いのを穿いていますが（笑）。

有名人でもなければ、ガッポガッポ稼いでいるわけでもない。皆さんと同じように、ごく普通の給料で働いているサラリーマンです（派手なプロデューサーの本を期待されていた方は、すみません）。

会社員でも世界に通用する作品は作れる

そんな僕が伝えたいのは、派手な生き方をしたり、特別な才能がなくても世界に通用するような作品は作れるよ、ということです。

テレビやSNSを見ていると、すごい実績を作った人や目立つ人って、みんな派手に見えるじゃないですか。

だから、若手クリエイターはそっちを目指さなきゃと思ったりするわけですが、サラリーマンであっても大きな仕事はできる。時にはこうして、自著を出版する機会に恵まれたりもします。

　もちろん、独立して有名になりたい！と思うのなら、それも素晴らしいこと。その気持ちがコンテンツを生み出す大きな原動力になる人もいますからね。

　ただ、僕自身はそういうタイプではなかったので、会社員として、つねに謙虚であることを意識して、与えられた仕事に向き合ってきた。

　そして、この生き方でも十分、自分がやりたいことは実現できる。僕は30年以上働いてきた今、強くそう思っています。

会社員だからできること

自由な働き方が求められている今、「フリーランスになりたい」「自分で起業したい」という人が増えていますよね。

そんな世の中にあって、「会社員」が憧れの対象として語られることは少ないですが、会社員だからこそできること、というのもある。

僕は会社員でよかったなと心から思っているのですが、その理由は4つあります。

自分では考えられないスケールの仕事ができる

会社に所属して仕事をする一番のメリットは、何と言っても「スケールの大きな仕事」ができることです。

例えば、開発費が何十億円もかかるような商品を、一人で作ろうと思っても難しい。

それだけのお金を個人で調達するのは、ほぼ不可能でしょう。

あるいは、億単位の予算を預かって制作するような仕事も、よほどの実績がない限り個人では受注できませんし、『アイドルマスター』のような１０００人規模（社外も含む）の大プロジェクトを率いている個人もほとんどいません。

もし僕が一人でやっていたら、今の『アイドルマスター』は確実にできていなかった。そもそも自分の得意ジャンルではなかったので、作ろうというアイデアさえ浮かばなかったでしょう。

また、途中で独立してもやはりうまくいかなかっただろうと思います。というより、自分がゲーム会社を立ち上げてゲームを作っているイメージ自体が湧きません。

大きな仕事というのは、一緒にやってくれる人たちがいるからこそできる。「集団力」によって生まれるものだと思っています。

一人ではできない体験ができる

様々な「仕事」や「役割」を経験できるのも、会社員ならではです。

会社員には予期せぬ異動が付きもの。僕もアーケードゲームを担当していたのが突然、家庭用ゲームに異動になり、また次は急にアプリ事業部に異動になり、とこれまで何度となく異動を繰り返してきました。

これをデメリットと捉える方もいるでしょう。僕自身も、異動が決まった瞬間は「なんでやねん！」と毎回思うのですが、その度にまたゼロから新しいものを作っていく体験は、会社員でなければ得がたいものがあります。

それから、会社の組織自体が大きく変わることもある。僕が入社したのは旧ナムコですが、途中でバンダイとの会社統合がありました。

これも個人でやっていたら体験できないことですし、子供向け商品に強いバンダイと統合したことで、仕事の幅やできることも広がった。ゲームプロデューサーとして、良い環境に恵まれたと思います。

マネジメントにしてもそうですね。マネージャーやGMなど、これだけ多くのポジションが経験できたのも、会社員だったからです。

しかも、会社にいると、こうした「変化」を強制的に体験させられる。それが嫌な人もいると思いますが、僕にとっては大きな刺激になりました。

例えば、役者さんは様々な役をこなすことで役者としての幅が広がっていくように、色んな役割を経験してみると、その分視野が広くなり、ビジネスマンとしての厚みが増すのです。

もし不本意な部署異動やポジションの変更があったとしても、前向きに捉え、まずやってみる。すると、自分の成長につながります。

僕自身は組織に振り回されている感覚があまりないですが、それはいつも「自分事化」してポジティブに捉えていたからかもしれません。まぁ結局は、会社員が好き、ということなんでしょうね。

安定している

昔と違って終身雇用が保障されなくなったとは言え、フリーランスや個人経営に比べるとリスクが少ない、というのもやはりメリットと言えるでしょう。

僕の実家は寿司店だったのですが、幼い頃から自営業の大変さを見てきました。景気の良い時は贅沢できるけれど、悪くなった時は夕食がインスタントラーメン半分になったこともあった。父親にはよく「お前はサラリーマンになった方が良いぞ」と言われていました。

個人でやっていると、景気に左右されたり、自分が倒れたら稼げなくなってしまったりと様々なリスクがありますが、会社員の場合はある程度、生活が保障されている。

そういう意味でも悪くないんじゃないかな、と思います。

孤独じゃない

そして、何より「孤独じゃない」こと。実は、僕にとってはこれが一番大きかったりします。

と言うのも、漫画家を目指していた頃に、一人って寂しいなと思ったんですよね。漫画を描いていると誰とも話さないし、外にも出ない。一人で完結できてしまう仕事なので孤独を感じていたんです。

また、子供の頃から自分から交友関係を広げるのが得意ではなかったので、友達も多くなかった。仲間作りはどちらかというと苦手なんです。だから、人がたくさんいる会社って良いな、と思った。

会社員をやっていると、社内だけでも色んな人に出会えるし、仕事を通して自分とは違う世代の意見にもたくさん触れられる。また、プロジェクトという同じ目的を持った仲間もできる。孤独が嫌いな僕にとっては、ベストな環境でした。

目の前のことに夢中になっていたら出世した

会社員でよかったと思う理由がすぐに4つも並べられる僕は、根っからの「会社員」だなと思います。

一方で、愛社心が強いかと言われると、それほどでもなかったりする。

実はナムコに入ったのも、同じカタカナ3文字で、当時の家からも通いやすかったコナミさんと間違えて面接希望の電話をかけてしまったという経緯がありました（人事担当の対応が良かったのでそのまま入社しました）。

それから、バンダイと統合して社名が変わる時も、特に寂しいとは思いませんでした。

……なんて、こんなことを書いていると、会社の人に怒られそうですね（笑）。

もちろん、僕にたくさんの経験をさせてくれて、ここまで育ててくれた今の会社にはとても感謝しています。

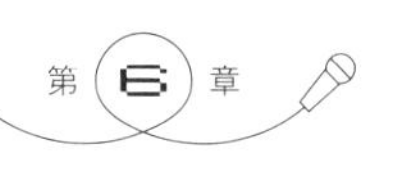

ただ、僕はそれ以上に「会社員としてゲームを作る」という仕事自体を愛しているんだと思います。

出世は「売れる商品」を作り続けた結果

僕は会社員という生き方が好きだけれども、その中で「出世したい」と思ったことはありません。

自らのキャリアプランを立てたこともないし、どこかのポジションにこだわったこともない。会社に任命されたら、その役割は果たそう、というスタンスでここまで来ました。

ただ、来る者は拒まずで仕事を受け、1つ1つに真剣に向き合ってきた。ユーザー視点で考え抜き、「売れる商品」を作ろうとしてきた。仕事で「結果」を出すことには、かなりこだわり続けてきたと言えます。

今、それなりの役職をいただけているのは、その実績が評価されたからでしょう。

もちろん、頑張ったからといって必ず結果が出るわけではないですが、より上のポジションを目指すにあたっては、それ相応の実績が必要になるのは間違いない。

いくら良いものを作っても、社内での評価が高くても、結果的に売れなければ会社としては評価できないですからね。

もし出世したいと思うのであれば、数字的な結果を出すことは外せないでしょう。

上司と話すことで評価軸を理解する

それから、評価されたいと思うのであれば、会社や自分が属している組織の「評価軸」を理解しておくことも大事です。

会社として組織を束ねてほしいと思うのは、やはり会社の目的を理解した上で動ける人です。よって、自分の組織は何をしようとしているのか、どんな戦略を持って動いているのか、ということを知る努力はしなければいけません。

僕は自分が上に行きたいとは思っていませんでしたが、チーム全体にとってベストな動き方についてはつねに考えていた。そこも今のポジションにつながったポイントかもしれません。

会社の評価軸を知る一番の近道は、上司とコミュニケーションを取ることです。

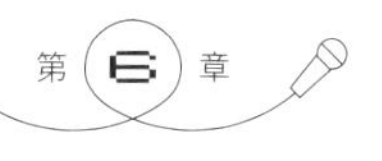

弊社では個別面談の際に、目指すべき目標や評価基準について割と細かく説明するのですが、それ以外にも普段の仕事の中で上司に聞けたら良いですよね。

評価する側の人は、どういう人を評価したいと思っているのか？

上司と話していれば分かるはずですが、結局、上司が評価したいと思うのは「主人公思考」を持った人、ということになります。

もちろん、会社や上司によって考え方は色々あるとは思いますが、少なくとも、僕が評価をする時はそういう視点で見ています。

もっと評価されたい！と思っている方はぜひ、第4章と第5章を繰り返し読んでいただければと思います。

天職かどうかは結果論

ここまで読んでくださった方には十分伝わっていると思いますが、僕が「ゲームプロデューサー」という仕事が大好きなのは間違いありません。

でも、「天職だったか？」と聞かれると、それは今でも分からない。

30年も続けられたのがゲーム作りだった

僕は「プロデューサーになりたい」と思ったことは一度もないですし、今の会社に転職する時も「ここで一生やっていくんだ！」と決めていたわけではありません。

ただ、結局30年もの長い間、続けることができたんですよね。

漫画家を諦めた時のように挫折することもなく、映像業界にいた時のように自分のやりたいことが見えなくなることもなく。ゲーム業界に入ってからは「もう嫌だ」と強く感じることが一度もなかった。

結果として、続いたのがゲーム業界だった、という感覚です。

そして、色んな仕事をする中で、自分の適性がだんだんと分かるようになり、その能力を活かすことができるプロデューサーという職種にも就くことができた。

さらに、幸運なことにいくつかのヒット作にも恵まれ、組織の中でそれなりのポジションも与えてもらえた。映像業界にいた頃には見えなかったキャリアアップも果たせたことも、続けられた要因かもしれません。

「天職」かよりも「続けてよかった」と思えるか

特に若いうちは「自分の天職を見つけたい」と思ったりするものですが、何が自分の天職なのかは考えても仕方ないのかな、と思います。

何か明確な基準があるわけではないし、長く続けてみないと分からないことが多い。結局、「結果論」でしか語れないと思うからです。

それよりも大事なのは、自分が引退する時になって「この仕事をやっていてよかった」と、心から思えるかどうか、ではないでしょうか。

いくら大きな仕事をしても、莫大な金額を稼いだとしても、自分が「幸せ」を感じられなければ意味がない。

どれだけ社会から評価されようと、人から向いていると言われようと、自分自身が納得できていなければ「良い仕事人生」とは言えないと思うんですよね。

僕自身はゲームプロデューサーが天職だったかどうかは今も分からないけれど、ここまで続けてきてよかったな。これは心からそう言えます。

そしてきっと、引退する時になってもその気持ちは変わらないでしょう。

長い間続けられて、引退する時に後悔が残らない仕事。あるいはそれを、人は「天職」と呼ぶのかもしれませんね。

50代で始めた自分探しの旅

ここまで散々、仕事の「目的」を理解しろ、そこに向かって動け、と偉そうに語ってきた僕ですが、最近になってふとあることに気づきました。

あれ、俺って何がしたいんだろう？

仕事ではこんなにはっきりと目的が見えているのに、自分の人生についてはまるで考えていなかったことに。

仕事を取ったら何も残らない

なんだか急に哀愁を漂わせてしまいましたが、僕は今まで本当に仕事しかしてこなかったんですよね。

仕事人生という意味ではこれ以上ないほど充実しているけれど、一方であまりに仕事とプライベートを切り分けてこなかった。だから、仕事以外では特にやりたいこともないし、仕事がなくなったら何をしていいのか分からないんです。

こんなことを考え始めたのは、コロナ禍で人と話す機会が減ったからかもしれません。家で一人の時間が増えたら、急に色んなことを考えてしまった。と言っても、人生を悲観して落ち込んでたわけではないんですけどね。

まぁでも、もう少しワークライフバランス的なことを考えてみようかな、とは思うようになりました。

「目的」がないことを楽しむ

そこで最近は、今までやってこなかったことに色々とチャレンジしています。

どんなに誘われても「絶対やらへんぞ」と思っていたゴルフを始めてみたり、体脂肪率を10％以下にすべく家で黙々とトレーニングに励んでみたり。

この歳になって健康が気になり始めたのと、一度ハマると凝り性なので、食事を変えたり、ストレッチも習慣化したりして、いつの間にか本格的な肉体改造に。今ではなんと、50代にして初めてのシックスパックを手に入れました(笑)。

急激に痩せたので、会う人会う人に「大丈夫ですか？」と心配されますが、むしろ今が一番元気かもしれません。

プライベートで思うのは、目的がなく楽しんでもいいんだな、ということ。

「将来、ニューヨークに住みたいなぁ」

以前、会社の同僚がこんなことを言った時、僕は「いや、もう住んでないとあかん歳やと思うよ。50過ぎて向こう行って何するの？ 目的は？」と聞きました。仕事人間の僕には、目的なく移住するなんて考えられなかったからです。

同僚は「目的なんて考えたこともなかった」というように笑っていました。

僕も今だったら、こんなことは言いません。住みたいと思ったら住めばいい。別にプライベートでは目的なんてなくてもいいんですよね。縛られることなく好きに生きればいいんだよね、と思うようになりました。

仕事ではもちろん変わらずに目的意識を持つけれど、プライベートでは自分探しの旅を自由にしてみようかなと思っています。

仕事でこれだけ熱中できたんだから、プライベートでもまだまだ楽しいことがあるはず。そう思うと、引退後の人生が楽しみになります。

何を犠牲にしたかは、打ち込んだから分かること

とまぁ、ワークライフバランスを取ることも大事ではあるのですが、若いうちは本気で仕事に打ち込んだ方が良いと思っています。

僕ほど仕事人間にならなくてもいいけれど、何か1つのことに一度は真剣に集中した方が良い。

そうじゃないと、一流のプレイヤーやマネージャーにはなれないし、何も実績を残せないと、引退する時に後悔が残ると思うからです。

何が犠牲になったかは、後で自分の中で分かること。やる前から考える必要はありません。もし打ち込んだ結果、犠牲になったものがあったとしたら、それは仕事で一流になってから取り戻せばいいのです。

会社員よ、自分の仕事に誇りを持て！

今、会社員として働いている皆さん。

自分の仕事に満足していますか？　誇りは持てていますか？

もしかしたら、「自分は会社に必要とされてない人間だ」と思っている方もいるかもしれません。

特に実績もなく、大きな仕事にも関わっていない自分は、ただの歯車の1つに過ぎないんじゃないか。

大きな組織の中にいると、自分の仕事が何を生み出しているのかが見えにくい。立場や職種によっては、役に立っている実感が持ちにくいことがあります。

でも、何か大きいものを生み出す時には、大きな組織が必ず必要。

たった一人の天才によって物事が動くことはなく、「集団力」というものが発揮された時にこそ、大きなものが生まれるのです。

１つ１つの仕事は小さいかもしれないけれど、それぞれに役割があり、集まれば大きな力になる。

だからみんな、腐らず、楽しく仕事をしようよ！と思います。


若手クリエイターの方は、自分が作りたいものがなかなか実現できずに苦しむことがあるかもしれません。あるいは、会社の方針と自分がやりたい方向性が合わないこともあるかもしれない。

でもそこで、自分が「妥協している」とは思わないことです。

今の時点ではベストではないかもしれないけれど、将来必ず、自分が思い描いたものを作れるようになる。そのために、今自分ができることをちゃんと「選択」してほしいな、と思います。

そして、そうした視点を持てる人が、一流のクリエイターになれるのです。

何度も言いますが、「会社員」というのは悪くない生き方です。

どんな時も「主人公思考」を持って仕事をしていれば、自分のやりたいことが実現できる。僕はそう思っています。

最後まで読んでくださり、本当にありがとうございました。
僕の経験が少しでも、皆さんのお役に立てれば幸いです。

50代になった今も、僕はまだまだ仕事でやりたいことがたくさんあります。
最終目標は持たないようにしているので、何を残したいとか、『アイドルマスター』を超えるヒット作を作りたいなどというこだわりはありませんが、とりあえず、ゲームプロデューサーとしてあともう一つ、新作を作りたい。

会社員の皆さん。そして働くすべての皆さん。
一緒に、これからも続く仕事人生を楽しんでいきましょう！
さぁ、定年までしっかり働くぞ！

編集後記

編集者・ライター　渡辺絵里奈

本書の制作依頼を担当編集の伊藤さんからいただいた時、『アイドルマスター』というゲームは知っていたものの、失礼ながら坂上さんのことは存じ上げていなかった。ただ、「市場規模600億円の大ヒットコンテンツの総合プロデューサー」という肩書から、なんとなくギラギラした人物像を想像した。きっと、自信に満ち溢れた様子で自らの仕事の流儀やノウハウを語ってくださるのだろう、と。

それはそれで楽しみだったのだけれど、最初の取材が始まって10分も経たないうちに、私の期待はあっさり裏切られた。こんなにも腰が低く、親しみやすい人があれだけの大プロジェクトを指揮しているのか、と。

「こんな話で大丈夫ですかね。僕みたいな普通のおじさんが本を出していいのかな」

取材中、坂上さんは何度かこんなことを仰った。最初は自信がないかのようにも見えたが、決してそうではない。

「坂上さんにとって主人公の定義は？」「マイルールを7つ挙げるとしたら？」

坂上さんはこちらがどんな質問をしても、その場ですぐに言語化してくださった。

弱気とも取れる発言とは裏腹に、その仕事の哲学はとても深いものがあった。

おそらく、坂上さんは自分がそれをうまく伝えられているか、という点を気にされていたのだと思う。ゲーム制作の現場を知らない我々や、読者を気遣ってのことだ。

何日もお時間をいただきながら取材を進めていくうちに、「坂上陽三」という人物の底知れぬ器の大きさが見えてきた。

決して驕(おご)らず、謙虚。ブレない哲学は持っているけれど、他人に押し付けることはしない。数々の有名人や経営者に取材してきたが、本当に「すごい人」とは、こういう人のことを言うのだと思う。

今回、編集者兼ライターという立場でありながら、あとがきを書かせていただいたのは、坂上さんのこうしたお人柄を皆さまにお伝えしたかったからだ。

私自身は組織に馴染めず、フリーランスの道を選んだ人間だけれど、坂上さんの下でなら会社員として働いてみたいと思った。望んで群れを外れて生きてきた私にここまで思わせる坂上さんの人間力を、少しでもお伝えできていたら幸いに思う。


この本で坂上さんが示してくれた考え方は、どれも本質的なものばかり。ゲーム業界に限らず、「一流の仕事」を目指す、すべての人の参考になると信じている。

そして、「会社員」という生き方に誇りを持たせてくれるという意味では、他に類を見ない良書になったと実感している。今、組織の中で悩んでいる方や、人を育てる難しさに直面している方にはぜひ一読していただきたい。


取材の最後、失礼ながらこんなことを聞いてみた。「死ぬ時にどういう状態だったら、幸せだと思いますか?」。坂上さんは少し考え、こう答えてくれた。

「死ぬ前にトーストが食べられたら良いですね。あのバターの匂い、焼けてる匂いが、小さい時からなんですけど、幸せな感じがする。後はコーヒーの匂い。なんだろう、その2つがめちゃくちゃ好き、というわけでもないんですけどね」

この言葉に坂上さんの人柄が凝縮されている気がした。決して派手ではないけれど、自分の生き方に満足している人にしか出せない答え。

本書を担当する機会に恵まれたことに今、心から幸せを感じる。

坂上陽三さん、そして制作するにあたりご協力いただいた、バンダイナムコエンターテインメントの皆さまに感謝を込めて。

坂上陽三
Yozo Sakagami

1967年生まれ。兵庫県出身。人気育成シミュレーションゲーム『アイドルマスター(通称:アイマス)』シリーズ総合プロデューサー。「ガミP」の愛称で知られる。大阪芸術大学卒業後、映像プロダクションに入社。1991年にナムコ(現バンダイナムコエンターテインメント)に入社し、ビジュアルデザイナー、プロデューサーなどを歴任。アーケードゲームから始まった『アイマス』を、家庭用ゲームやスマホゲーム、アニメ、ライブなど幅広く展開。2020年に15周年を迎えた同コンテンツを、全体で600億円※もの市場規模に成長させた立役者。

※バンダイナムコエンターテインメント及びパートナー企業の『アイドルマスター』関連の商品・サービス等の2019年度の売上推定総額

『アイドルマスター』
公式サイト

『アイドルマスター』
公式YouTubeチャンネル

『アイドルマスター』
公式Twitter

協　力	バンダイナムコエンターテインメント 花 采薇 中村早希
デザイン	三森健太+永井里実(JUNGLE)
DTP	尾関由希子
校　正	麦秋アートセンター
編集・取材協力	渡辺絵里奈
編　集	伊藤甲介(KADOKAWA)

※本書内の数字や肩書等の情報は2021年9月時点のものです

主人公思考（しゅじんこうしこう）

2021年10月28日　初版発行

著　者　坂上陽三（さかがみようぞう）
発行者　青柳昌行
発　行　株式会社KADOKAWA
〒102-8177　東京都千代田区富士見2-13-3
電話0570-002-301（ナビダイヤル）
印刷所　凸版印刷株式会社

▪お問い合わせ
https://www.kadokawa.co.jp/（「お問い合わせ」へお進みください）
※内容によっては、お答えできない場合があります。
※サポートは日本国内のみとさせていただきます。
※Japanese text only

定価はカバーに表示してあります。

ISBN 978-4-04-605400-5 C0030